生物神经系统同步的抗扰控制设计与仿真

魏伟 著

U0315918

北 京

冶 金 工 业 出 版 社

2017

内 容 提 要

本书共分9章，分别为绪论，生物神经系统动力学模型，HR 生物神经系统的 Shilnikov 分析，HR 生物神经系统的抗干扰同步，FitzHugh-Nagumo 生物神经系统的抗干扰同步，Ghostburster 神经元的抗干扰同步，Morris-Lecar 神经系统的抗干扰同步，Hodgkin-Huxley 神经系统的抗干扰同步和总结与展望。其中还介绍了主动补偿控制算法及线性自抗扰控制算法，生物神经元之间、生物神经网络各节点间膜电位的同步计算等。

本书可供从事自动控制、生物医学工程等相关研究领域的工程技术人员阅读，也可供控制理论与控制工程专业的师生以及从事非线性系统控制理论与应用研究的专业人员参考。

图书在版编目 (CIP) 数据

生物神经系统同步的抗扰控制设计与仿真／魏伟著. —北京：冶金工业出版社，2017.1

ISBN 978- 7- 5024- 7391- 4

Ⅰ.①生…　Ⅱ.①魏…　Ⅲ.①计算机仿真—仿真算法—研究　Ⅳ.①TP391.9

中国版本图书馆 CIP 数据核字（2016）第 315358 号

出 版 人　谭学余
地　　址　北京市东城区嵩祝院北巷 39 号　邮编　100009　电话　(010) 64027926
网　　址　www.cnmip.com.cn　电子信箱　yjcbs@cnmip.com.cn
责任编辑　杨盈园　美术编辑　杨 帆　版式设计　彭子赫
责任校对　石 静　责任印制　李玉山
ISBN 978-7-5024-7391-4
冶金工业出版社出版发行；各地新华书店经销；虎彩印艺股份有限公司印刷
2017 年 1 月第 1 版，2017 年 1 月第 1 次印刷
169mm×239mm；9.75 印张；202 千字；143 页
48.00 元
冶金工业出版社　投稿电话　(010) 64027932　投稿信箱　tougao@cnmip.com.cn
冶金工业出版社营销中心　电话　(010) 64044283　传真　(010) 64027893
冶金书店　地址　北京市东四西大街 46 号 (100010)　电话　(010) 65289081 (兼传真)
冶金工业出版社天猫旗舰店　yjgycbs.tmall.com
（本书如有印装质量问题，本社营销中心负责退换）

前　言

生物神经系统是由数量巨大的生物神经元相互连接而成的复杂的非线性系统，是生命系统的重要调节机构。它直接或间接地完成生命系统的机能调节和控制功能。对于生物体内外环境的变化，生物神经系统以生物神经元放电的不同模式对信息进行编码、传输和解码，从而实现生物神经系统信息的产生、传递和处理。不同外部激励引起的生物神经元放电模式、生理效应不同。早期研究中，受人们认识事物的水平以及研究手段的限制，神经系统中生物神经元的非周期、不规则的放电行为被认为是噪声。然而，随着非线性系统理论和方法的不断发展、完善，特别是混沌理论在生物神经科学领域研究及应用的不断深入，人们逐渐认识到这些貌似随机的神经元放电行为并不是无规律可循的噪声信号，这些信号具有内在的确定性，认为生物神经系统是一个由大量非线性元件连接而成的多级系统，混沌广泛存在于生物神经系统之中。

单个神经元、小规模的神经组织、神经中枢、心脏搏动、血液流动、胃电信号、脑电信号、中枢神经系统的动态、可兴奋细胞中的放电、细胞信号传递及其新陈代谢等存在着混沌现象，混沌理论能够很好地解释这些复杂的动力学行为，具有混沌放电特性的神经元对内部和外部环境具有很强的适应能力，这使人们逐渐意识到健康状态的生理节律是混沌的，缺乏变化和灵活性的周期状态不能适应外界环境的变化，是病态的表现。生理系统所具有的这种复杂的非线性动力学特性——混沌，已经成为人们健康与否的重要标志。

生物神经元的混沌放电是生命体健康的必要条件，生物神经元组成的神经系统的混沌行为同步是保证生命体正常生理功能实现的重要机制。神经系统的同步活动对其信息编码、传递、处理（记忆、计算等）以及其他各种生理功能的实现具有重要作用；甚至一些疾病，如癫痫、帕金森、老年痴呆等的抑制和治疗都可以利用外部激励使神经系统中的神经元呈现混沌并达到混沌同步的手段来实现。因此，生物神经系统的混沌行为同步对于神经生物学而言具有极其重要的意义。

然而，传统的神经生物学是一门实验科学，通常需要大量实体实验数据才有可能获得结论；个体差异又使得具有统计意义的结论需要大量重复性实验，耗费巨大的人力、物力、财力；此外，由于实验技术条件及手段的限制，有的无法进行实体实验。因此，利用已有实验数据建立生理系统的数学模型，借助计算技术，对数学模型进行计算机仿真研究，并利用计算机仿真结果指导实体实验，不仅可以减少危险性、提高效率，甚至在一些无法实验的极端条件下还可以成为实体实验的最佳补充。可以预见，非线性系统理论与计算机仿真技术结合在神经生物学中的广泛应用是现代神经生物学发展的必然趋势。

同时，近年来因电力、通信事业的迅速发展以及电子电气设备的广泛应用，使得人们所处的外部电磁环境发生改变，外部电磁场的刺激会影响生物神经元的放电节律，导致生物体功能异常。关于电磁辐射威胁人体及其他生物体健康和安全的报道逐渐增加，促使人们需要对反映健康状态的神经电信号以及外部电磁场对神经电信号的影响具有更多的认识。

综上所述，生物神经系统的混沌行为及其同步是生命健康状态的表征，将非线性系统理论、控制理论以及计算机仿真技术结合可为生物神经动力学研究提供新的有效手段。生物神经系统的混沌行为及其同步研究对生物信息处理、计算，生物神经系统动力学理论以及计算神经生物学而言具有重要的理论价值和现实意义，但因生物神经系统混沌行为及其同步机制本身的特殊要求和制约因素，使得这一问题的研究也面临不少挑战。

本书综合了作者在非线性动力学理论、控制理论、生物神经系统动力学理论以及计算机仿真技术结合领域的研究成果，主要包括 HR 生物神经系统的 Shilnikov 分析，给出了 HR 生物神经元系统的级数解、HR 生物神经元系统的同宿轨道以及 HR 生物神经元呈混沌放电状态时外电场激励的理论值；HR 生物神经元、HR 生物神经网络的抗干扰同步控制设计与仿真；FHN 生物神经元系统的抗扰同步控制设计与仿真；Ghostburster 神经元的抗扰同步控制设计与仿真；Morris-Lecar 神经元系统的抗扰同步控制设计与仿真；以及 HH 生物神经元的抗扰同步控制设计与仿真。通过本书读者可了解生物神经元混沌动力学分析的Shilnikov方法以及生物神经系统同步的抗扰控制设计方法，研究结果可为生物神经动力学分析提供新的有效手段，对于探寻外电场对神经动力学特性的影响规律具有重要的理论价值和现实意义，为计算神经生物学、生物医学的工程应用奠定良好的理论和数值实验基础。

在本书出版之际，衷心感谢北京工商大学计算机与信息工程学院的刘载文教授、金学波教授，自动化系各位同事以及中国民航管理干部学院田玲玲博士的无私帮助。在此，向所有关心、帮助支持我的老师和朋友表示最崇高的敬意和感谢！

本书研究内容和出版得到了北京市自然科学基金（项目号：4132005）的资助，特此致谢！

因作者水平和经验所限，书中难免有不妥和疏漏之处，真诚欢迎广大读者批评指正。

作　者
2016 年 9 月

目　　录

1　绪　　论

1.1　引言

神经科学源于 19 世纪末人类对脑与精神、行为关系的探索。1873 年，意大利细胞学家 Camillo Golgi 将脑组织做成薄片，用重铬酸钾-硝酸银进行染色，利用显微镜第一次观察到了神经细胞。随后，西班牙神经组织科学家 Santiago Ramony Cajal 改良了 Golgi 的染色方法，发现神经细胞间没有原生质，认为神经细胞是神经系统活动的基本单位。这为神经科学的发展开创了新的纪元。他们因此获诺贝尔奖。一个多世纪以来，神经科学蓬勃发展，先后有 15 位神经科学家荣获诺贝尔奖。到目前为止，神经科学已经发展成为一门研究神经系统的综合性学科，它包含神经解剖学、神经生理学以及计算神经科学等多学科理论和技术，侧重于人脑器官和神经系统的基础理论研究，其目的是揭示人脑的奥秘。

计算神经科学作为神经科学的一个重要领域，诞生于 20 世纪初，Louis Lapicque 提出了第一个生物神经元模型——Integrate-and-Fire（I&F）模型。之后，于 20 世纪 40 年代，Pitts 与 McCulloch 提出了模拟生物神经元处理信息的人工神经元模型，奠定了人工神经网络研究的基础。至 50 年代英国生物学家 Hodgkin 和 Huxley 首次实现了静息电位和动作电位的细胞内记录，提出了描述乌贼神经轴突生理特性的数学模型——Hodgkin-Huxley（HH）模型。HH 模型是第一个能够详细、定量刻画神经元动作电位的模型，是神经生物学研究的里程碑式的成果。它的提出使复杂神经系统的计算机模拟成为可能，为计算神经生物学的定量计算以及生物神经网络的研究奠定了基础。此后，于 60 年代，FitzHugh 与 Nagumo 在 HH 模型的基础上，提出了一个简化的二维神经元模型——FHN 模型。80 年代，Morris 与 Lecar 在 HH 模型和 FHN 模型的基础上，结合细胞内钾、钠离子的动态特性建立了 ML 神经元模型；而后，Hindmarsh 与 Rose 在 FHN 模型的基础上又提出了一个新的神经元模型——HR 神经元模型，该模型由 3 个微分方程组成，与 ML 神经元模型相比可描述更多的神经元动力学特性。Leech 模型、Ghostburster 模型之后也相继提出。到目前为止，已经建立的神经元动力学模型有 FitzHugh-Nagumo（FHN）模型、Hindmarsh-Rose（HR）模型、Chay 模型、Morris-Lecar（ML）模型、Leech 模型、Ghostburster 模型等。

近年来，在已经建立的神经元数学模型基础上，计算神经科学有了进一步发展，主要集中于分析生物神经元自身、生物神经元之间以及由生物神经元组成的生物神经网络的动力学特性及其同步控制研究。

实际上，生物神经系统（如人的大脑）是由数量巨大的神经元相互连接而成的复杂的非线性系统，它有惊人的信息处理速度，是生命系统重要的调节机构，直接或间接地完成生命系统的机能调节和控制功能。对于生物体内外环境的变化，生物神经系统以神经元放电的不同模式对信息进行编码、传输和解码，从而实现神经系统信息的产生、传递和处理。不同外部激励所引起的神经元放电模式、生理效应不同。

早期研究中，受人们认识事物的水平以及研究手段的限制，生物神经系统中神经元的非周期、不规则的放电行为被认为是噪声。然而，随着非线性系统理论和方法的不断发展、完善，特别是混沌理论在神经科学领域研究及应用的不断深入，人们逐渐认识到这些貌似随机的生物神经元放电行为并不是无规律可循的噪声信号，这些信号具有内在的确定性。Glass 认为生物神经系统是一个由大量非线性元件联接而成的多级系统，混沌广泛存在于神经系统之中。随后，人们发现单个神经元、小规模的神经组织以及神经中枢中都存在混沌现象，混沌理论能够很好的解释神经系统的复杂动力学行为。Rabinovich 和 Abarbanel 也认为具有混沌放电特性的神经元对内部和外部环境具有很强的适应能力。各种研究表明生命系统的复杂动力学特性：心脏搏动、血液流动、胃电信号、脑电信号、中枢神经系统的动态、可兴奋细胞中的放电、细胞信号传递及其新陈代谢等都能用混沌理论进行很好的解释。人们逐渐意识到健康状态的生理节律是混沌的，缺乏变化和灵活性的周期状态不能适应外界环境的变化，是病态的表现。例如心脏病发病前夕，心电图表现为惊人的周期规律，而非正常时的混沌动力学规律；癫痫病人发作时其脑电图具有周期特征，而非人脑健康的混沌状态。生理系统所具有的这种复杂的非线性动力学特性——混沌，已经成为人们健康与否的重要标志。

生物神经元的混沌放电是生命体健康的必要条件，由神经元组成的生物神经系统的混沌行为同步是保证生命体正常生理功能实现的重要机制。生物神经系统的同步活动对其信息编码、传递、处理（记忆、计算等）以及其他各种生理功能的实现具有重要作用；甚至一些疾病，如癫痫、帕金森、老年痴呆等的抑制和治疗都可以利用外部激励使神经系统中的神经元呈现混沌并达到混沌同步的手段来实现。因此，神经系统的混沌行为同步对于神经生物学而言具有极其重要的意义。

然而，传统的神经生物学是一门实验科学，人们需要大量实体实验数据才有可能获得结论；个体差异又使得具有统计意义的结论需要大量重复性实验，耗费巨大的人力、物力、财力；此外，由于实验技术条件及手段的限制，有的无法进行实体实验。因此，利用已有实验数据建立生理系统的数学模型，借助计算技术，对数学模型进行计算机仿真研究，并利用计算机仿真结果指导实体实验，不仅可以减少危险性、提高效率；甚至在一些无法实验的极端条件下，计算机仿真可以成为实体实验的最佳补充。可以预见，非线性系统理论与计算机仿真技术结合在神经生物学中的广泛应用是现代神经生物学发展的必然趋势。

同时，近年来因电力、通信事业的迅速发展以及电子电气设备的广泛应用，使得人们所处的外部电磁环境发生改变，外部电磁场的刺激会影响神经元的放电节律，导致生物体系统功能异常。关于电磁辐射威胁人体及其他生物体健康和安全的报道逐渐增加，促使人们需要对反映健康状态的神经电信号以及外部电磁场对神经电信号的影响具有更多的认识。

综上所述，神经系统的混沌行为及其同步是生命健康状态的表征，将非线性系统理论以及计算机仿真技术结合可为神经动力学分析提供新的有效手段。研究神经系统的混沌行为及其同步对生物信息处理、计算，神经系统动力学理论以及计算神经生物学而言具有重要的理论价值和现实意义，但因神经系统混沌行为及其同步机制本身的特殊要求和制约因素，使得这一问题的研究也面临不少挑战。

本书将非线性系统理论、先进控制理论、计算机仿真技术与计算神经生物学相关知识交叉融合，给出从算法、仿真角度进行的生物神经系统的动力学行为与同步机制的研究结果。

1.2 生物神经系统简介

1.2.1 生物神经元

生物神经元亦称生物神经细胞，是生物神经网络的基本结构单元，也是其功能的基本单元。生物神经细胞内及细胞间的信息传导是生物神经系统功能实现的基本形式。生物神经细胞具有跨膜电压差，跨膜传导电压的迅速变化为动作电位。动作电位从细胞的一个部位扩散到另一个部位，用于生物神经元的信息编码。

生物神经细胞内的信息通信和细胞间的电信号传递由生物神经细胞的特有结构决定，主要由细胞体和细胞突起组成，其中细胞突起又包括轴突和树突两部分。生物神经元结构如图 1-1 所示。

细胞体是生物神经元中包含细胞核的部分，其表面是细胞膜，细胞膜与细胞核之间为细胞质。细胞质中包含线粒体、高尔基体、尼氏体和神经原纤维。尼氏体为蛋白质合成的地方，与神经递质乙酰胆碱的合成有关。神经原纤维的本质为神经元内的神经微丝及神经微管在固定时凝聚而成，其功能与物质运输、轴突生长有关。

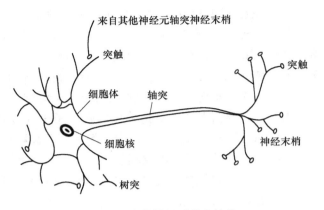

图 1-1 生物神经元基本结构

树突是神经细胞的突起结构，是生物神经元特有的、高度异化的结构，是神经元之间信息传导的部位。树突的形状犹如微小的树状分支，数目较多，姿态各异。与轴突相比，树突粗、短，常有多重分叉，形成致密的树突网。树突通过分支上的突触接收其他生物神经元的动作电位，融合各动作电位信号后，传输给生物神经元的细胞体。树突负责接收其他神经细胞的信息，是生物神经细胞的输入通道。

轴突是生物神经元细胞体发出的纤细管状突起，可延长数微米到数米，轴突末端反复分岔、膨大，终止于其他神经元，并与之形成突触。脊椎动物中许多神经元的轴突外层有髓鞘，其成分是施旺细胞，提供轴突之间的电气绝缘，通过"跳跃式传导"机制加速传递动作电位，并引导轴突再生。轴突负责神经细胞内的信息传递，它将细胞体的动作电位传递至突触，是生物神经细胞的输出通道。可见，生物神经元通过自身特有的突起结构实现感受刺激和传导兴奋的功能。

大量的生物神经细胞，其种类多样。若从神经元传导兴奋（信息）的功能来看，可将通过感受器接受外界刺激，并转化成神经冲动的一类神经元称为传入神经元；而将中枢神经冲动传到效应器的另一类神经元称为传出神经元（传出神经元可引起生物体肌肉运动或者分泌腺液等）。连接传入神经元和传出神经元的称为中间神经元或者联络神经元，促使信号在传递过程中不衰减。此外，从形态上还可将生物神经元分为假单极神经元、双极神经元和多极神经元等。

1.2.2 生物神经信号

19 世纪初，Bemstein 提出了细胞生物电膜学说。细胞膜内外的体液称为细胞内液和细胞外液，其化学成分和离子浓度有别。因细胞膜对不同离子的通透性不同，使得细胞内液与外液的化学成分及离子浓度的差别得以维持。细胞膜内外侧的离子浓度差形成电位差。因细胞内液及细胞外液离子浓度的差异、细胞膜对各离子通透性的差异以及膜内外电位梯度的存在，使离子浓度保持动态平衡。

神经元未受刺激（细胞内电位低于细胞外电位）时的膜电位称为静息电位，静息电位一般在-70mV左右。突触收到神经兴奋时释放出神经递质，改变离子通道的通透性，使膜电位发生变化。若膜电位大于临界值（-50mV左右），神经元将产生一个动作电位沿轴突传播，以完成接收、处理、传递信息的过程。

神经元发放时，膜电位发生变化，该变化的幅值及间隔的大小与刺激类型及神经元传递的信号有着密切的关系。生物神经元处于兴奋状态，细胞内电位高于细胞外电位，电位差在60~100mV之间。细胞兴奋时，电脉冲宽度约1ms，传递迅速。

概括而言，生物神经系统中，传递的信号包括局部电位和动作电位。局部电位一般只能短距离传播（通常在1~2mm），这种信号在特别区域（神经末梢）比较重要；较长距离的信号传输则依靠动作电位。

1.2.3 生物神经网络

单个生物神经元功能有限，神经元之间以某种方式相互连接，构成功能强大的生物神经网络。在中枢神经系统中，神经元以突触互联。所谓突触，就是神经元之间，或神经元与肌细胞之间的通信媒介，可分为化学突触和电突触两类。它们分别承担不同的信息传导功能：化学突触承担释放与接收神经递质的任务，其信息传导是单向的；电突触则实现电气耦合，其信息传导是双向的。生物体内，化学突触更为常见，种类也更为丰富。突触前细胞发生冲动时，钙离子通道将突触小泡内的神经递质释放到突触间隙中，即兴奋-分泌耦合，神经递质扩散到突触后膜与特异性受体结合，改变突触后细胞的局部电位，这样便完成了信息在突触的传导过程。突触的强度影响突触后细胞动作电位的幅度。突触强度与诸多因素有关，包括突触前膜内神经递质的含量、突触前膜兴奋-分泌耦合的强度、突触后膜受体的数量以及神经递质释放后重吸收的速率等。

众多神经元通过突触相互连接，构成了功能强大的生物神经网络。生物神经网络具有复杂性、交互性和大规模性。随着对复杂网络认识的不断深入，人们发现自然界、社会生活、生物系统中大量的实际系统都可以通过由节点和边构成的网络进行描述。网络中的节点表示该系统的基本单元，边表示基本单元之间的相互作用或关联，两个节点之间具有相互作用关系则存在一条边，否则节点之间没有边。这样，生物神经系统可以看作由大量生物神经元通过神经纤维相互连接形成的复杂网络。

在复杂网络的研究中，通常采用图论法。然而，经典图论主要研究规则图，它在描述复杂网络时存在较大的局限性。20世纪60年代初，匈牙利数学家Erdös及Rényi提出了随机网络模型，用随机图描述网络的拓扑结构，为更好地研究复杂网络奠定了理论基础。1998 年，Watts 及 Strogatz 为描述从规则网络到随机网络的转变，提出了小世界网络模型；1999 年，为描述真实网络幂律形式的度分布，Barabási 及 Albert 建立了无标度网络模型。小世界网络及无标度网络模型的提出促进了复杂网络理论的迅速发展。

目前，复杂网络理论已渗透至数理科学、生命科学以及工程科学等众多研究领域，对复杂网络定量与定性特征的研究已成为网络时代科学研究中一个重要且极具挑战性的课题。特别是在神经生理学家发现生物神经网络具有小世界网络特性后，诸多研究人员将复杂网络理论与生物神经元模型结合，以单个生物神经元模型为复杂网络的节点模型，研究外部激励存在时生物神经网络的动态响应，取得了一系列有意义的结果。例如：小世界网络下，生物神经元的相干共振现象；具有侧向抑制机制的小世界生物神经网络在直流和交流激励下，神经元放电的兴奋特性。研究结果在一定程度上表现出与真实生物神经网络在受到外部信号及噪声激励时具有相类似的行为。因此，生物神经元模型及复杂网络理论的迅速发展为人们利用非线性系统理论、计算机仿真技术研究生物神经科学奠定了坚实的基础，有助于人类深入认识生物神经系统，为相关生物神经系统疾病的诊疗提供理论依据。

1.2.4　生物神经系统同步

同步，简言之是指动态系统中步调一致的现象。日常生活中，同步现象比比皆是，相当普遍，例如：钟摆的同步摆动；萤火虫同步发光；观众掌声同步；心肌细胞和大脑神经网络的同步现象等。同步现象的发现使耦合振子理论得以建立。同时，在生命系统领域，因同步现象的存在，使人们认识到生命系统的生理节律会与环境节律同步，即生命系统中存在生物钟。

自然界的同步现象越来越多地被发现，其覆盖领域也越来越广泛。同步在诸多系统中也起着至关重要的作用，如同步在通信系统、核磁共振仪中具有非常重要的作用。然而，并非所有同步都是有益的，如互联网上路由器同步会引发网络堵塞。

在生命系统中，同步，通常是实现正常生理功能的前提，是记忆的基础，但是异常的同步会导致疾病，如癫痫、帕金森氏症等神经系统疾病。癫痫发作的重要特征是可兴奋神经元的同步振荡。神经元的同步行为对其信息处理过程中的信号编码和转换也是非常重要的。因此，生物神经网络实现放电同步的机制是一个在理论上和实践中都被关注的重要课题。

1.3　生物神经系统的研究概况

随着人们对生物系统认识的不断深入，仅研究单个生物神经元的发放特性、动态模型，无法让人们真正把握生物神经系统，弄清生物神经系统信息传递、信息处理、完成生命功能的机制。实际上，生物神经系统是由无数个生物神经元以某种方式相互连接而成。生物神经系统的所有功能，包括自主神经活动的调节、生物的复杂行为（如运动、比赛、学习等）都是生物神经系统中各神经元相互作用的协同效应。生物神经元的相互作用包含神经元之间电信号的传递、突触的联系。认清这些机制，才能认识生物神经系统处理信息、完成生命功能的本质。

以乌贼轴突的电压钳位实验数据为基础建立的 Hodgkin-Huxley 模型（HH 模型）成为定量描述神经元兴奋传递的数学模型之后，人们利用非线性系统理论（自激振荡、混沌及多重稳定性等）、控制理论、计算机仿真技术等理论和技术手段，从非线性理论、控制系统分析和设计、计算机仿真模拟的角度研究并模拟生物神经系统的动态特性。

神经解剖学研究证实了众多生物神经网络具有明显的聚类现象和相对短的路长；同时，利用图论工具分析灵长目动物大脑皮层的大量结构数据发现：被考察的数据都表现出大连接聚集与小平均路径的特点。这些特征完全符合小世界网络的特点。此外，人们还发现具有小世界连接的网络模型具有快速响应与相干振荡特性。因此，小世界效应可能体现了信息处理的最佳模式，在生物神经系统的信息处理过程中，小世界效应显得非常重要。

在此基础上，从复杂网络角度研究生物神经系统，人们已做大量研究工作。这些工作大致可分为两类：一类根据生物神经网络的实际演化规律，设计变化规则，提出新的生物神经网络模型；另一类在生物神经网络模型的基础上，研究网络模型的一些动力学特性，如网络同步、兴奋节律、随机和一致共振等现象。

在生物神经系统的第二类研究工作中，人们考虑生物神经网络模型取不同参数、不同拓扑结构、不同连接强度以及不同外部刺激时的复杂动力学特性及其信息传播规律；进而模拟、解释真实生物神经网络在神经细胞受外界刺激时产生"刺激—兴奋—传导—效应"的过程、特点和规律。将复杂网络理论与人脑的自组织、自适应和信息的存储、联想记忆的机制联系起来对探索人脑的记忆、学习方式和信息处理能力可提供有益参考。

1.4　生物神经系统的研究意义

运用非线性系统理论、神经系统动力学理论研究生物神经系统的放电特性，可以揭示生物神经元放电与外电场激励的关系，建立生物神经元混沌特性分析的解析方法。通过数学分析、计算机模拟的方式从不同角度分析生物神经网络放电模式及其同步规律，研究更为丰富的生神经网络动态特性，理解生物神经网络信息处理的本质，可为实现生物神经网络的大规模仿真以及模拟生物神经网络的功能奠定理论基础。

　　运用控制理论与神经系统动力学理论研究复杂生物神经网络的同步控制规律，有助于揭示生物神经网络的工作奥秘，深入理解生物神经网络在外界电刺激下的放电规律，为相关神经类疾病，如帕金森氏病、癫痫等疾病的诊疗提供新的思路，从神经病学、康复工程的生物医学工程角度意义重大。

　　生物电信号是生物自身状态的反映，生物神经系统的相关研究成果能使人们更为深入地了解外电场对生物电信号的影响规律，为治疗神经类疾病提供有价值的参考，为其实现奠定理论基础，具有深远的理论意义、现实意义和广泛的应用前景。但因生物神经系统及其同步控制研究还处于探索阶段，要真正形成成熟的应用技术还需要具有创新性的研究以及大量细致、完善的工作。在国家鼓励生命过程定量研究，支持生物信息综合交叉学科发展的背景下，从算法、仿真角度研究生物神经系统及其主动抗扰同步是必要且迫切的。

1.5　本书内容简介

　　本书从生物神经元模型、生物神经元组成的生物神经网络模型出发，给出了生物神经元之间以及生物神经网络的同步控制抗干扰设计方法，以提高生物神经系统在复杂外部电磁环境下同步的鲁棒性。同时，为揭示生物神经元放电与外电场激励之间的关系，给出了生物神经元放电模态分析的解析方法。

　　全书共 9 章。第 1 章是绪论，介绍生物神经元、由生物神经元构成的生物神经系统的基本概念以及生物神经系统同步的研究意义和概况。第 2 章给出已经发表的 7 种生物神经元模型以及由生物神经元构成的生物神经网络模型。第 3 章针对 Hindmarsh-Rose 模型（HR 模型），基于 Shilnikov 定理，从数学上获得了 HR 生物神经元产生混沌运动时外电场激励的阈值，得到了 HR 神经元的同宿轨道，建立了 HR 生物神经元混沌分析的解析方法。第 4 章给出了 HR 神经元及 HR 生物神经网络主动抗扰同步控制的研究结果。第 5 章给出了 FitzHugh-Nagumo 生物神经系统的抗干扰同步结果。第 6 章是 Ghostburster 神经元的抗干扰同步的研究结果。第 7 章、第 8 章分别是 Morris-Lecar 神经系统以及 Hodgkin-Huxley 神经系统的抗扰同步控制研究结果。第 9 章对全书进行总结和展望。

参 考 文 献

[1] Abbott L F. Lapicque's introduction of the intergrate-and-fire model neuron (1907) [J]. Brain Research Bulletin. 1999, 50 (5-6)：303-304.

[2] 茹立强，殷光甫，王才源. 神经科学基础 [M]. 北京：清华大学出版社，2004.

［3］ Hodgkin A L, Huxley A F. A quantitative description of membrane current and its application to conduction and excitation in nerve ［J］. The Journal of Physiology. 1952, 117 (4): 500-544.

［4］ FitzHugh R. Impulses and physiological states in theoretical models of nerve membrane ［J］. Biophysical Journal, 1961 (1): 445-466.

［5］ Chay T R. Chaos in a three-variable model of an excitable cell ［J］. Physica D, 1985, 16: 233-242.

［6］ Morris C, Lecar H. Voltage oscillations in the barnacle giant muscle fiber ［J］. Biophysical Journal, 1981, 35: 193-213.

［7］ Shilnikov A, Calabrese R L, Cymbalyuk G. Mechanism of bistability: Tonic spiking and bursting in a neuron model ［J］. Physical Review E, 2005, 71: 056214-9.

［8］ Doiron B, Laing C, Longtin A. Ghostbursting: A novel neuronal burst mechanism ［J］. Journal of Computational Neuroscience, 2002, 12: 5-25.

［9］ Glass L. Synchronization and rhythmic processes in physiology ［J］. Nature, 2001, 410: 277-284.

［10］ Rabinovich M I, Abarbanel D I. The role of chaos in neural systems ［J］. Neuroscience, 1998, 87: 5-14.

［11］ 张建树, 管忠, 于学文. 混沌生物学 ［M］. 北京: 科学出版社, 2006.

［12］ 李会艳. 神经系统的非线性动力学分析与控制 ［D］. 天津: 天津大学, 2006.

［13］ 邓斌. 神经元混沌、同步与控制 ［D］. 天津: 天津大学, 2006.

［14］ 程世奇. 小世界神经网络的同步控制和发放性统计 ［D］. 上海: 华东理工大学, 2010.

［15］ 王立禾. 生物神经网络系统中的辨识问题研究 ［D］. 上海: 上海交通大学, 2012.

［16］ 郑鸿宇. 复杂生物神经网络的建模及其动力学特性研究 ［D］. 广西: 广西师范大学, 2008.

［17］ Yuan W J, Luo X S, Wang B H, et al. Excitation properties of the biological neurons with side-inhibition mechanism in small-world networks ［J］. Chin Phys Lett, 2006, 23 (11): 3115-3118.

［18］ 吴雷. 复杂生物神经网络的兴奋特性与随机共振研究 ［D］. 南宁: 广西师范大学, 2008.

［19］ 陆锁军. 生物复杂网络抉择行为与混沌同步研究 ［D］. 上海: 东华大学, 2008.

2　生物神经系统动力学模型

2.1　生物神经元模型

英国学者 Hodgkin 和 Huxley 建立的 Hodgkin-Huxley（HH）方程首次详细、定量刻画了生物神经元的动作电位，成为神经生物学研究的里程碑式的成果。该模型描述了神经元膜电位的非线性现象，如自激振荡、混沌及多重稳定性等，为人们探索神经元的兴奋性提供了基本框架，具有重大的理论与应用价值。HH 模型是第一个具有生理学意义的神经元模型，为生物神经网络的发展提供了基础。在 HH 模型之后，人们又相继提出了其他的生物神经元模型，包括 FitzHugh-Nagumo（FHN）模型、Morris-Lecar（ML）模型、Hindmarsh-Rose（HR）模型、Chay 模型、Ghostburster 模型、Leech 模型等。

本章分别介绍上述几种生物神经元的动力学模型、放电模态以及生物神经元模型组成的生物神经网络模型。

2.1.1　Hodgkin-Huxley（HH）神经元模型

20 世纪 50 年代，英国学者 Hodgkin 和 Huxley 对神经轴突的研究奠定了神经冲动和传导的实验和理论基础，它不仅对各种神经轴突具有普遍意义，同时也揭示了各种可兴奋细胞的一些共同基本规律。经过大量的实验和分析，他们提出了能够很好地表征轴突电位变化规律的 HH 神经元模型。HH 神经元模型非常接近真实的神经元，利用这一模型，可计算动作电位过程中的膜电流、膜电位、膜电导以及某些离子活化和失活的概率等在不同动作电位时的相位变化情况。

1984 年，Aihara 等人对 HH 神经元模型进行了修正，修正后的 HH 神经元模型被广泛用于生物神经元动力学的研究。基于不同的参数取值，HH 模型呈现出不同的动力学行为，如分岔和混沌。HH 模型的动力学方程可由 4 个变量耦合作用组成的常微分方程组表示：

$$\begin{cases} C_{\mathrm{m}} \dfrac{\mathrm{d}V}{\mathrm{d}t} = I_{\mathrm{ext}} - \left[\overline{g}_{\mathrm{Na}} m^3 h (V - V_{\mathrm{Na}}) + \overline{g}_{\mathrm{K}} n^4 (V - V_{\mathrm{K}}) + g_{\mathrm{L}} (V - V_{\mathrm{L}}) \right] \\ \dfrac{\mathrm{d}m}{\mathrm{d}t} = \alpha_m(V)(1 - m) - \beta_m(V) m \\ \dfrac{\mathrm{d}h}{\mathrm{d}t} = \alpha_h(V)(1 - h) - \beta_h(V) h \\ \dfrac{\mathrm{d}n}{\mathrm{d}t} = \alpha_n(V)(1 - n) - \beta_n(V) n \end{cases} \quad (2\text{-}1)$$

式中，C_m 为膜电容（$\mu F/cm^2$）；V_{Na}、V_K、V_L 分别为钠电流、钾电流和漏电电流的平衡电位；$\bar{g}_{Na}$、$\bar{g}_K$、g_L 分别为相应离子电流对应的最大电导；V 为膜电位（mV）；n 为 K$^+$ 离子通道的激活变量；m 为 Na$^+$ 离子通道的激活变量；h 为 Na$^+$ 离子通道的抑制变量；$\alpha_x(V)$、$\beta_x(V)$（$x = n$，m，h）为离子通道开通和关断状态的转换率，其取值是依赖于膜电位 V 的非线性函数，其方程分别具有如下形式：

$$\begin{cases} \alpha_m(V) = 0.1(25 - V)\Big/ \left[\exp\left(\dfrac{25 - V}{10}\right) - 1\right] \\[2mm] \beta_m(V) = 4\exp\left(-\dfrac{V}{18}\right) \\[2mm] \alpha_h(V) = 0.07\exp\left(-\dfrac{V}{20}\right) \\[2mm] \beta_h(V) = 1\Big/ \left[\exp\left(\dfrac{-V + 30}{10}\right) + 1\right] \\[2mm] \alpha_n(V) = 0.01(10 - V)\Big/ \left[\exp\left(\dfrac{10 - V}{10}\right) - 1\right] \\[2mm] \beta_n(V) = 0.125\exp\left(-\dfrac{V}{80}\right) \end{cases} \tag{2-2}$$

根据外电场作用下的细胞模型，极低频电场在分子水平上的作用可以表示为膜电位的扰动。因此，可以引入一个附加项 V_E 对电场的作用进行建模，从而得到极低频外电场下的 HH 模型为：

$$\begin{cases} C_m \dfrac{dV}{dt} = -I_E + I_{ext} - \big[\bar{g}_{Na}m^3h(V + V_E - V_{Na}) + \bar{g}_K n^4(V + V_E - V_K) + \\ \qquad\qquad g_L(V + V_E - V_L)\big] \\[2mm] \dfrac{dm}{dt} = \alpha_m(V)(1 - m) - \beta_m(V)m \\[2mm] \dfrac{dh}{dt} = \alpha_h(V)(1 - h) - \beta_h(V)h \\[2mm] \dfrac{dn}{dt} = \alpha_n(V)(1 - n) - \beta_n(V)n \end{cases} \tag{2-3}$$

式中，$I_E = C_m \dfrac{dV_E}{dt}$，是电场在膜电容上产生的穿透电流。

HH 模型各参数的数值见表 2-1。HH 模型的等效电路如图 2-1 所示。

表 2-1　HH 模型的参数

参数	I_{ext}	C_m	V_{Na}	V_K	V_L	$\bar{g}_{Na}$	$\bar{g}_K$	g_L
参数值	0	1	115	-12	10.599	120	36	0.3
单位	$\mu A/cm^2$	$\mu F/cm^2$	mV	mV	mV	mS/cm^2	mS/cm^2	mS/cm^2

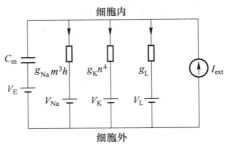

图 2-1　HH 模型的等效电路

2.1.2　FitzHugh-Nagumo（FHN）神经元模型

FitzHugh 和 Nagumo 通过引入描述电位变慢过程的恢复变量，用一个二阶微分方程组建立了一个简化的生物神经元模型——FitzHugh-Nagumo 神经元模型，其动力学方程可表示为：

$$\begin{cases} \dot{x} = -Cy - Ax(x-B)(x-\lambda) + I \\ \dot{y} = \varepsilon(x - \delta y) \end{cases} \tag{2-4}$$

式中，A、B、C、δ、ε、λ 为系统的非零参数；I 为外部电场激励，通常为电流的幅值。当外部激励为零时，取不同参数值可得系统的相轨迹，如图 2-2 所示，其中图 2-2（a）各参数取值为 $A=B=C=1$，$\delta=0.5$，$\varepsilon=0.015$，$\lambda=-0.01$，系统状态初始值分别为 $x_0=0.15$，$y_0=0.02$；图 2-2（b）各参数取值为 $A=B=C=1$，$\delta=2$，$\varepsilon=0.015$，$\lambda=-0.04$，系统状态初始值亦为 $x_0=0.15$，$y_0=0.02$。

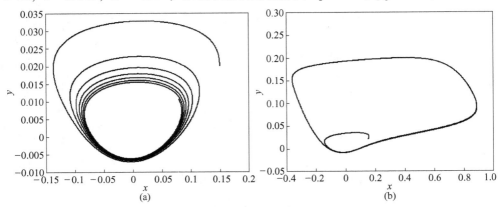

图 2-2　FHN 神经元模型的相轨迹

图 2-3 给出了 FHN 模型的等效电路。

2.1.3 Morris-Lecar 神经元模型

Morris-Lecar 模型是人们在研究北极鹅肌肉纤维的放电模式时发现的一个描述无脊椎动物肌纤维振荡电位模态的神经元模型，该模型可表示为如下的二维动力学方程：

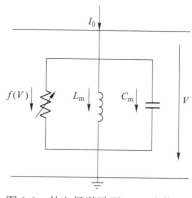

图 2-3 外电场激励下 FHN 生物神经元模型的等效电路

$$\begin{cases} C\dfrac{\mathrm{d}V}{\mathrm{d}t} = I_{\mathrm{ext}} - g_{\mathrm{L}}(V - V_{\mathrm{L}}) - g_{\mathrm{Ca}}\beta(V)(V - V_{\mathrm{Ca}}) - \\ \qquad g_{\mathrm{K}}n(V - V_{\mathrm{K}}) \\ \dfrac{\mathrm{d}n}{\mathrm{d}t} = \tau(V)(\alpha(V) - n) \end{cases}$$

$$(2\text{-}5)$$

其中

$$\begin{cases} \alpha(V) = 0.5\{1 + \tanh[(V - V_3)/V_4]\} \\ \beta(V) = 0.5\{1 + \tanh[(V - V_1)/V_2]\} \\ \tau(V) = \phi\cosh[(V - V_3)/V_4] \end{cases}$$

式中，V_{K}、V_{Ca}、V_{L} 为钾、钙和漏电流的反电势；g_{K}、g_{Ca}、g_{L} 为最大电导；C 为膜电容。各变量取值见表 2-2。

表 2-2 Morris-Lecar 神经元模型参数

变 量	取 值	变 量	取 值
C	$5\mu\mathrm{F/cm^2}$	V_{K}	$-80\mathrm{mV}$
g_{L}	$2\mathrm{mS/cm^2}$	ϕ	$1/15$
V_{L}	$-60\mathrm{mV}$	V_1	$-1.2\mathrm{mV}$
g_{Ca}	$4\mathrm{mS/cm^2}$	V_2	$18\mathrm{mV}$
V_{Ca}	$120\mathrm{mV}$	V_3	$2\mathrm{mV}$
g_{K}	$8\mathrm{mS/cm^2}$	V_4	$17.4\mathrm{mV}$

2.1.4 HR 神经元模型

HR 神经元模型是 1982 年 Hindmarsh 与 Rose 根据蜗牛神经细胞的实验数据，在《Nature》上发表的一个新的神经元模型，该模型由两个一阶微分方程组成：

$$\begin{cases} \dot{x} = -a(f(x) - y - z) \\ \dot{y} = b(f(x) - qe^{rx} + s - y) \end{cases} \qquad (2\text{-}6)$$

式中，x 为细胞膜电位；y 为细胞内与钠、钾离子相关的膜内电流。函数 $f(x)$ 为关于细胞膜电位 x 的三次函数：

$$f(x) = cx^3 + dx^2 + ex + h$$

式中，a、b、c、d、e、h、q、r、s 均为常数。

之后，Hindmarsh 与 Rose 发现蜗牛在未受外界刺激时处于静息态，受到外界电脉冲激励时会产生一系列的动作电位，且比外界输入电刺激更为持久。他们引入一个慢变时间微分方程，于 1984 年提出了 HR 神经元的改进模型：

$$\begin{cases} \dot{x} = y - ax^3 + bx^2 - z + I \\ \dot{y} = c - dx^2 - y \\ \dot{z} = r[s(x - x_0) - z] \end{cases} \tag{2-7}$$

式中，x 为细胞膜电位；y 为快恢复变量，它与钠、钾离子通过离子通道相关；z 为慢恢复变量，与其他离子通过离子通道相关；a、b、c、d、r、s、x_0 均为模型参数；I 为外部激励电流。

2.1.5 Chay 模型

Chay 神经元模型是 HH 模型的一种简化模型，它包含了 HH 类型 Na$^+$、K$^+$、Ca^{2+} 离子通道的动态特性。Chay 神经元模型可模拟 β 细胞、神经元起搏器以及冷感受器的诸多放电模式。Chay 神经元模型可用如下微分方程描述：

$$\begin{cases} \dfrac{dV}{dt} = g_I m_\infty^3 h_\infty (V_I - V) + g_{kv} n^4 (V_k - V) + \\ \qquad \dfrac{g_{kC} C}{1 + C} (V_k - V) + g_l (V_l - V) + a\sin(2\pi\omega t) \\ \dfrac{dn}{dt} = \dfrac{n_\infty - n}{\tau_n} \\ \dfrac{dC}{dt} = \rho[m_\infty^3 h_\infty (V_C - V) - k_C C] \end{cases} \tag{2-8}$$

式中，t 为时间变量；V 为 Chay 神经元模型的膜电位；n 为钾离子通道激活的概率；C 为细胞内钙离子浓度；V_I、V_k、V_l 分别为钠离子与钙离子、钾离子、氯离子的反转电位；k_C 为细胞内钙离子流出量的时间常数，g_I、g_{kv}、g_{kC}、g_l 为离子通道的最大电导与膜电容的比值；V_C 为钙离子的反转电位；m_∞ 与 h_∞ 为混合通道的活化和失活概率；n_∞ 为变量 n 的稳态值；τ_n 为松弛时间；ρ 为比例常数；a、ω 分别为外部周期输入的幅值和频率。

$$m_\infty = \frac{\alpha_m}{\alpha_m + \beta_m} = \frac{0.1(25 + V)/[1 - \exp(-0.1V - 2.5)]}{0.1(25 + V)/[1 - \exp(-0.1V - 2.5)] + 4\exp[-(V + 50)/18]}$$

$$h_\infty = \frac{\alpha_h}{\alpha_h + \beta_h} = \frac{0.07\exp(-0.05V - 2.5)}{0.07\exp(-0.05V - 2.5) + 1/[1 + \exp(-0.1V - 2)]}$$

$$n_\infty = \frac{\alpha_n}{\alpha_n + \beta_n} = \frac{0.01(20 + V)/[1 - \exp(-0.1V - 2)]}{0.01(20 + V)/[1 - \exp(-0.1V - 2)] + 0.125\exp[-(V + 30)/80]}$$

$$\tau_n = \left[230(\alpha_n + \beta_n)\right]^{-1} = \left\{230\left[\frac{0.01(20+V)}{1-\exp(-0.1V-2)} + 0.125\exp\left(-\frac{V+30}{80}\right)\right]\right\}^{-1}$$

Chay 神经元各变量取值见表 2-3。

表 2-3 Chay 神经元模型参数

变量	取值	变量	取值
V_k	-75mV	g_{kC}	10s^{-1}
V_I	100mV	g_l	7s^{-1}
V_l	-40mV	k_C	$3.3/18\text{mV}$
V_C	100mV	ρ	$0.27\text{mV}^{-1}\text{s}^{-1}$
g_I	1800s^{-1}	ω	0.13rad/s
g_{kv}	1700s^{-1}	a	0.37mV

2.1.6 Ghostburster 神经元模型

Ghostburster 神经元模型是一类描述弱电鱼的 Electrosensory Lateral-line Lobe（ELL）内锥体细胞的胞体和树突动力学特性的神经元模型，包括锥体细胞的胞体和树突的放电规律及其在外加电场激励下细胞膜电位的动态特性。在 Ghost-burster 神经元上加入各种外部激励可以观察到 Ghostburster 神经元呈现出混沌及周期行为。Ghostburster 神经元模型由弱电鱼的 ELL 内锥体细胞的胞体和树突两部分动力学方程组成，其模型可由式（2-9）、式（2-10）描述。

胞体部分：

$$\begin{cases} \dfrac{\mathrm{d}V_s}{\mathrm{d}t} = I_s + g_{\mathrm{Na,s}}m_{\infty,s}^2(V_s)(1-n_s)(V_{\mathrm{Na}}-V_s) + g_{\mathrm{Dr,s}}n_s^2(V_K - V_s) + \\ \qquad\quad \dfrac{g_c}{k}(V_d - V_s) + g_{\mathrm{leak}}(V_L - V_s) \\ \dfrac{\mathrm{d}n_s}{\mathrm{d}t} = \dfrac{n_{\infty,s}(V_s) - n_s}{\tau_{n,s}} \end{cases} \tag{2-9}$$

树突部分：

$$\begin{cases} \dfrac{\mathrm{d}V_d}{\mathrm{d}t} = g_{\mathrm{Na,d}}m_{\infty,d}^2(V_d)h_d(V_{\mathrm{Na}}-V_d) + g_{\mathrm{Dr,d}}n_d^2 p_d(V_K - V_d) + \\ \qquad\quad \dfrac{g_c}{1-k}(V_s - V_d) + g_{\mathrm{leak}}(V_L - V_d) \\ \dfrac{\mathrm{d}h_d}{\mathrm{d}t} = \dfrac{h_{\infty,d}(V_d) - h_d}{\tau_{h,d}} \\ \dfrac{\mathrm{d}n_d}{\mathrm{d}t} = \dfrac{n_{\infty,d}(V_d) - n_d}{\tau_{n,d}} \\ \dfrac{\mathrm{d}p_d}{\mathrm{d}t} = \dfrac{p_{\infty,d}(V_d) - p_d}{\tau_{p,d}} \end{cases} \tag{2-10}$$

式中，V_s 为胞体膜电位；V_d 为树突膜电位。

表 2-4 给出了部分模型参数，每个离子电流（$I_{Na,s}$、$I_{Dr,s}$、$I_{Na,d}$ 及 $I_{Dr,d}$）由最大电导系数 g_{max}（mS/cm^2），无穷电导以及时间常数 τ（ms）组成。无穷电导包含 $V_{1/2}$ 和 $m_{\infty,s}(V_s) = \dfrac{1}{1 + e^{-(V_s - V_{1/2})/k}}$。模型参数值选为 $k = 0.4$，$V_{Na} = 40mV$，$V_K = -88.5mV$，$V_{leak} = -70mV$，$g_c = 1$，$g_{leak} = 0.18$。

ELL 内锥体细胞模型结构如图 2-4 所示。

Ghostburster 神经元各变量取值见表 2-4。

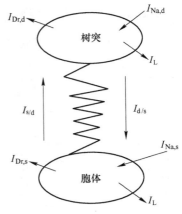

图 2-4　ELL 锥体细胞结构

表 2-4　Ghostburster 神经元模型参数

电　流	$g_{max}/mS \cdot cm^{-2}$	$V_{1/2}/mV$	λ/mV	τ/ms
$I_{Na,s}[n_{\infty,s}(V_s)]$	55	−40	3	0.39
$I_{Dr,s}[m_{\infty,s}(V_s)]$	20	−40	3	N/A
$I_{Na,d}[m_{\infty,d}(V_d)/h_{\infty,d}(V_d)]$	5	−40/−52	5/−5	N/A/1
$I_{Dr,d}[n_{\infty,d}(V_d)/p_{\infty,d}(V_d)]$	15	−40/−65	5/−6	0.9/5

注：N/A 表示通道激活瞬间跟踪膜电位。

2.1.7　Leech 模型

Leech 神经元模型也是一类简化的神经元模型，它与 HH 模型的构成相类似，由单个房室模型描述，其动力学方程可由如下微分方程表示：

$$\begin{cases} C\dfrac{dV}{dt} = -\bar{g}_{Na}m_{Na}^3 h_{Na}(V - E_{Na}) - \bar{g}_{K,2}m_{K,2}^2(V - E_K) - \bar{g}_L(V - E_L) \\[2mm] \dfrac{dm_{Na}}{dt} = \dfrac{f_\infty(-150, 0.027, V) - m_{Na}}{0.0001} \\[2mm] \dfrac{dh_{Na}}{dt} = \dfrac{f_\infty(500, 0.027, V) - h_{Na}}{\tau_{h_{Na}}(V)} \\[2mm] \dfrac{dm_{K,2}}{dt} = \dfrac{f_\infty(-80, 0.018, V) - m_{K,2}}{0.25} \end{cases} \qquad (2-11)$$

式中，变量 V 为膜电位；$m_{K,2}$ 为 $I_{K,2}$ 的激活分量；m_{Na} 为 I_{Na} 的激活分量；h_{Na} 为

I_{Na}的未激活分量；C为膜电容；$\bar{g}_{\mathrm{K,2}}$为$I_{\mathrm{K,2}}$的最大电导值；$\bar{g}_{\mathrm{Na}}$为I_{Na}的最大电导值；E_{Na}、E_{K}分别为Na^+离子和K^+离子的逆转电位；$\bar{g}_{\mathrm{L}}$、E_{L}分别为漏电流的电导和逆转电位。

$$f_\infty(a,\ b,\ V) = \frac{1}{1+\exp\left[a(V+b)\right]}$$

$$\tau_{h_{\mathrm{Na}}}(V) = 0.004 + \frac{0.006}{1+\exp\left[500(V+0.028)\right]} + \frac{0.01}{\cosh\left[300(V+0.027)\right]}$$

Leech 神经元各变量取值见表 2-5。

表 2-5　Leech 神经元模型参数

变　量	取　值	变　量	取　值
C	0.5pF	$\bar{g}_{\mathrm{Na}}$	200nS
E_{Na}	0.045V	$\bar{g}_{\mathrm{K,2}}$	80nS
E_{K}	−0.07V	$\bar{g}_{\mathrm{L}}$	6.5nS
E_{L}	−0.036V		

2.2　生物神经网络模型

生物神经网络是由生物神经元相互连接组成的、极其庞大的复杂系统。各神经元通过相互连接和外部感知实现相互作用，神经元将各自的信息发出并影响与之相连的神经元，共同完成某种功能或实现对某个激励的响应。人脑就是一个极为典型的复杂神经网络系统，它由几万亿个神经元组成，每个神经元与其他神经元相连，构成复杂的生物神经网络。大脑皮层是人脑中最复杂的部分，这里具有大量的神经细胞，神经细胞间相互关联形成的强大信息处理功能，使得大脑皮层具有高度的分析、综合能力。此外，大脑皮层还具有负责运动、听觉、视觉、味觉、感觉、情感等功能的诸多功能分区，这些分区由负责这些功能的神经元集群实现。

实际上，大脑是生物体内结构最为复杂的器官，也是最为复杂、精巧和完善的动态信息处理系统，是自然进化最为神奇的产物。它能够构想出优美的音乐、精美的画卷，也能求解出复杂的方程。大脑内的生物神经网络拓扑如何影响大脑的运转和功能，生物神经元之间如何精确协作，生命信息如何在生物神经元细胞之间迅速传递，到目前为止，这些问题还没有确切的答案，人们对大脑的认识还需要进一步探索。

目前，人们普遍认为生物神经网络具有"小世界效应"。因为"小世界效应"所具有的大连接聚集和小平均路径特性与生物神经网络各个神经元之间所具有的聚类现象和相对短的路径特性十分吻合；以"小世界"方式连接的生物神经网络模型具有快速响应与相干振荡特性。因而，Strogatz 认为"小世界效应"可能是信息处理的最佳模式。

从已发表的理论研究成果可以看出：在生物神经网络信息处理中，"小世界效应"极为重要。目前，众多学者已构造出具有小世界效应的神经网络模型，研究其动力学特性，为人们探索大脑奥秘奠定了坚实的基础。

本书介绍以"小世界"方式构造的 HH 生物神经网络、HR 生物神经网络以及 FitzHugh-Nagumo 生物神经网络。

2.2.1 HH 生物神经网络

20 世纪 90 年代，美国学者 Watts 和 Strogatz 在 Milgram 六度分离的假设下，提出了小世界网络模型。通过调节模型参数可使网络从规则向随机转变。根据 Watts 和 Strogatz（简称 WS）的小世界网络构造方法，以 HH 生物神经元模型为网络节点，构造环形连接。每个节点与其相邻的 $2K$ 个节点相连，每个连接又以一定的概率重新连接一个随机节点（无重复连接和自连接）。于是，我们可以得到一个连接度 $k = 2K/N$ 的小世界网络，该 HH 生物神经网络的模型为：

$$\begin{cases} C\dfrac{\mathrm{d}V_i}{\mathrm{d}t} = -g_{\mathrm{Na}}m_i^3 h_i(V_i - V_{\mathrm{Na}}) - g_{\mathrm{K}}n_i^4(V_i - V_{\mathrm{K}}) - \\ \qquad\qquad g_{\mathrm{L}}(V_i - V_{\mathrm{L}}) + I_i - \dfrac{\varepsilon}{K}\sum_{i=1}^{N}(V_i - V_j) \\ \dfrac{\mathrm{d}m_i}{\mathrm{d}t} = \alpha_{m_i}(V_i)(1 - m_i) - \beta_{m_i}(V_i)m_i \\ \dfrac{\mathrm{d}h_i}{\mathrm{d}t} = \alpha_{h_i}(V_i)(1 - h_i) - \beta_{h_i}(V_i)h_i \\ \dfrac{\mathrm{d}n_i}{\mathrm{d}t} = \alpha_{n_i}(V_i)(1 - n_i) - \beta_{n_i}(V_i)n_i \end{cases} \tag{2-12}$$

式中，N 为生物神经元总数；V_i 为第 i 个生物神经元的膜电位；C 为膜电容；m_i、h_i 为钠偶极子的开放概率；n_i 为钾偶极子的开放概率；g_{Na}、g_{K}、g_{L} 为各离子通道的最大电导；ε 为耦合强度；K 为神经元连接的实际数目；V_{Na}、V_{K}、V_{L} 为响应的平衡电势；I_i 为各神经元的外部输入电流；$\dfrac{\varepsilon}{K}\sum_{i=1}^{N}(V_i - V_j)$ 为生物神经网络的耦合项，亦可将其表述为 $\dfrac{\varepsilon}{N}\sum_{i=1}^{N}W_{ij}a_{ij}V_j$，这里 W_{ij} 为神经元之间的连接权值，若神经元 i 与神经元 j 之间存在连接（$i \neq j$），则两神经元之间具有权重 W_{ij}，且 $W_{ij} \neq W_{ji}$；反之，则 $W_{ij} = W_{ji} = 0$，$i \neq j$。因没有自连接，故 $W_{ii} = 0$。因离子通道中离

子的双向渗透特性，网络模型采用双向不等权值连接，权值因子 $a_{ij}(i \neq j)$ 满足如下条件：当神经元 i、j 之间有连接时 $a_{ij} = 1$；否则 $a_{ij} = 0$，$a_{ii} = -\sum_{j=1, j \neq i}^{N} a_{ij}$。

α、β 分别为膜电位 V_i 的函数，各函数取值为：

$$\begin{cases} \alpha_{m_i}(V_i) = \dfrac{0.1(V_i + 40)}{1 - \exp[-(V_i + 40)/10]} \\ \beta_{m_i}(V_i) = 4\exp[-(V_i + 65)/18] \\ \alpha_{h_i}(V_i) = 0.07\exp[-(V_i + 65)/20] \\ \beta_{h_i}(V_i) = \dfrac{1}{1 + \exp[-(V_i + 35)/10]} \\ \alpha_{n_i}(V_i) = \dfrac{0.01(V_i + 55)}{1 - \exp[-(V_i + 55)/10]} \\ \beta_{n_i}(V_i) = 0.125\exp[-(V_i + 65)/80] \end{cases} \quad (2\text{-}13)$$

以上即为通过小世界网络方法构造的 HH 生物神经网络模型。该模型描述了生物神经元聚集时相互影响和相互联系的状态，更为真实地逼近了生物神经系统的工作方式。利用该模型可研究生物神经网络的稳定性、生物神经系统的动力学轨道和特性、影响生物神经网络信息传递的因素，以及外界激励不同时生物神经网络的动态响应，并分析其响应特征。

2.2.2 HR 生物神经网络

以 HR 生物神经元为节点，由 N 个 HR 神经元组成 HR 生物神经网络。因神经元通过突触耦合构成生物神经网络，故 HR 生物神经网络的数学模型包含两部分，一部分为 HR 神经元自身的膜电位动态，另一部分为 HR 神经元之间的耦合输入。HR 生物神经网络模型为：

$$\begin{cases} \dot{x}_i(t) = a_i x_i^2 - x_i^3 - y_i - z_i + \sum_{j=1}^{N} \lambda_{ij} g_{ij} \sigma_{v_s}(x_i)\gamma_{v,\theta_s}(x_j) \\ \dot{y}_i(t) = (a_i + \alpha_i)x_i^2 - y_i \\ \dot{z}_i(t) = \mu_i(b_i x_i + c_i - z_i) \end{cases} \quad (2\text{-}14)$$

式中，第一个状态方程求和号左边为单个神经元动态，右边为神经元之间的突触连接，其中 $\lambda_{ij} > 0$ 为耦合强度，g_{ij} 为网络的拓扑结构，取值为 0 或 1。$g_{ij} = 0$ 表示神经元 i 与神经元 j 之间无连接，$g_{ij} = 1$ 表示神经元 i 与神经元 j 之间存在连接，$g_{ii} = 0$ 即神经元自身无连接。因突触是单向耦合，故 g_{ij} 与 g_{ji} 可相等也可不相等。神经元耦合函数 $\sigma_{v_s}(x_i)$ 与函数 $\gamma_{v,\theta_s}(x_j)$ 分别为：

$$\sigma_{v_s}(x_i) = -(x_i - V_s)$$

$$\gamma_{v,\theta_s}(x_j) = \frac{1}{1 + e^{-v(x_j - \theta_s)}} \tag{2-15}$$

定义连接矩阵 $\boldsymbol{G}$ 表示网络的拓扑结构：

$$\boldsymbol{G} = \begin{bmatrix} g_{11} & g_{12} & \cdots & g_{1N} \\ g_{21} & g_{22} & \cdots & g_{2N} \\ \vdots & \vdots & & \vdots \\ g_{N1} & g_{N2} & \cdots & g_{NN} \end{bmatrix} = \begin{bmatrix} 0 & g_{12} & \cdots & g_{1N} \\ g_{21} & 0 & \cdots & g_{2N} \\ \vdots & \vdots & & \vdots \\ g_{N1} & g_{N2} & \cdots & 0 \end{bmatrix} \tag{2-16}$$

若耦合强度与拓扑结构的乘积表示为 $h_{ij} = \lambda_{ij} g_{ij}$，那么当 $h_{ij} = 0$ 表示神经元 i 与神经元 j 之间无连接，当 $h_{ij} > 0$ 表示神经元 i 与神经元 j 之间的连接强度为正值，$h_{ii} = 0$ 表示神经元自身无回路连接。于是，HR 生物神经网络模型（2-14）可重新写为：

$$\begin{cases} \dot{x}_i(t) = a_i x_i^2 - x_i^3 - y_i - z_i + \sum_{j=1}^{N} h_{ij} \sigma_{v_s}(x_i) \gamma_{v,\theta_s}(x_j) \\ \dot{y}_i(t) = (a_i + \alpha_i) x_i^2 - y_i \\ \dot{z}_i(t) = \mu_i(b_i x_i + c_i - z_i) \end{cases} \tag{2-17}$$

以上为 HR 生物神经网络的数学模型，利用该模型可研究 HR 生物神经网络的动力学特性、稳定性、动态响应以及同步控制响应等。

2.2.3　FitzHugh-Nagumo 生物神经网络

以 FHN 生物神经元模型为节点，利用小世界网络方式构造 FHN 生物神经网络，其网络模型为：

$$\begin{cases} \tau \dfrac{\mathrm{d}V_{ij}}{\mathrm{d}t} = V_{ij}(V_{ij} - a)(1 - V_{ij}) - w_{ij} + \sigma \sum_{k,l=1}^{N} W_{ij,kl}[v_{kl}(t - t_d) - u_{eq}] + \\ \qquad\quad \gamma I_{ij}\sin(\omega t) + \xi_{ij}(t) \quad (i,j = 1,2,\cdots,N; \ k,l = 1,2,\cdots,N) \\ \dfrac{\mathrm{d}w_{ij}}{\mathrm{d}t} = V_{ij} - w_{ij} - b \quad (i,j = 1,2,\cdots,N; \ k,l = 1,2,\cdots,N) \end{cases}$$

$$\tag{2-18}$$

式中，V_{ij} 为第 i 个神经元的膜电位；w_{ij} 为第 ij 个神经元的恢复变量；u_{eq} 为电位阈值；N 为神经元网络中神经元阵列的行列数目；$W_{ij,kl}$ 为 kl 个神经元到 ij 个神经元的连接权值；σ 为神经元之间的耦合强度；I_{ij} 为外部激励；γ 为信号强度因子；$\xi_{ij}(t)$ 为高斯白噪声；t_d 为神经元之间信号的传递时间。

利用 FHN 生物神经网络，可分析模拟出其稳定的条件、信号处理的机制、同步控制的方案等。

2.3　本章小结

本章介绍了七类生物神经元系统的数学模型以及依据小世界网络的构造方式形成的三类生物神经网络模型。生物神经元以及生物神经网络的数学模型是研究生物神经系统非线性动力学特性、外电场激励下生物神经系统放电模态以及生物神经系统同步控制的基础。在随后的第3章至第8章中我们将介绍基于这些数学模型的理论分析和数值模拟结果。

参 考 文 献

［1］Che Y Q, Wang J, Zhou S S, et al. Synchronization control of Hodgkin-Huxley neurons exposed to ELF electric field ［J］. Chaos, Solitons and Fractals, 2009, 40：1588-1598.

［2］Wang J, Deng B, Tsang K M. Chaotic synchronization of neurons coupled with gap junction under external electrical stimulation ［J］. Chaos, Solitons and Fractals, 2004, 22：469-476.

［3］Ringkvist M, Zhou Y. On the dynamical behaviour of FitzHugh-Nagumo systems：Revisited ［J］. Nonlinear Analysis, 2009, 71：2667-2687.

［4］Wang Jiang, Lu Meili, Li Huiyan. Synchronization of coupled equations of Morris-Lecar model ［J］. Communications in Nonlinear Science and Numerical Simulation, 2008, 13 （6）：1169-1179.

［5］Wang Q Y, Lua Q S, Chen G R, et al. Chaos synchronization of coupled neurons with gap junctions ［J］. Physics Letters A, 2006, 356：17-25.

［6］Wang J, Chen L, Deng B. Synchronization of Ghostburster neuron in external electrical stimulation via H_∞ variable universe fuzzy adaptive control ［J］. Chaos, Solitons and Fractals, 2009, 39：2076-2085.

［7］Li H Y, Wong Y K, Chan W L, et al. Synchronization of Ghostburster neurons under external electrical stimulation via adaptive neural network H_∞ control ［J］. Neurocomputing, 2010, 74：230-238.

［8］Carlo R Lainga, Brent Doiron, André Longtin, et al. Ghostbursting：The effects of dendrites on spike patterns ［J］. Neurocomputing, 2002, 44-46：127-132.

［9］Strogatz S H. Exploring complex networks ［J］. Nature, 2001, 410：268-276.

［10］王立禾. 生物神经网络系统中的辨识问题研究 ［D］. 上海：上海交通大学, 2012.

［11］郑鸿宇. 复杂生物神经网络的建模及其动力学特性研究 ［D］. 广西：广西师范大学, 2008.

［12］程世奇. 小世界神经网络的同步控制和发放性统计 ［D］. 上海：华东理工大学, 2010.

3 HR 生物神经系统的 Shilnikov 分析

混沌是一类在确定性系统中发生的类似随机的运动状态，它不由随机的外部因素引起，而是由确定性方程得到类似随机的运动状态，与系统初值关系密切。研究发现，混沌是一类典型的非线性行为。对于混沌现象，目前尚无统一、严格的定义；而在混沌运动的判定领域，人们根据混沌的特征，主要有混沌对初始条件的极端敏感依赖性、确定性系统中内在的随机性、迭代过程的遍历性等，给出了一些判断混沌现象的准则，如功率谱连续、Lyapunov 指数大于零、非整数维吸引子、拓扑熵大于零，等等。这些方法均从数值计算角度判断混沌运动的存在与否。除上述常用的用于混沌判定的数值方法外，在理论上，还有判断混沌运动不变集存在的解析方法——Melnikov 方法和 Shilnikov 方法。

Melnikov 方法和 Shilnikov 方法是一类判断混沌运动的解析方法，主要用于确定系统应满足什么条件才会产生混沌运动。作为混沌运动分析为数不多的解析方法，Melnikov 方法和 Shilnikov 方法具有重要地位，研究此类理论方法的一个最重要目的就是确定混沌出现的阈值，并指出该阈值如何依赖于物理条件，这对于实际利用或控制混沌也具有非常重要的指导意义。

当前，利用解析方法预测混沌是非线性动力学研究的一个热点。Melnikov 方法基于摄动分析给出受到小扰动的可积系统出现横截同宿轨道或者异宿环的必要条件；Shilnikov 方法研究三维系统中鞍-焦平衡点同宿类混沌发生的前提条件。

本章针对 HR 生物神经系统，运用 Shilnikov 方法对其混沌放电特性进行分析，获得产生混沌放电时外电场激励的理论值。同时，利用数值仿真验证理论结果的正确性。

3.1 引言

生物神经系统中，神经系统的编码、信息传递、信息处理由一系列动作电位完成。动作电位是神经元信息编码与神经元之间进行通信的主要载体，不论动作电位所携带的是听觉、视觉还是触觉信息，其产生机制都非常相似。动作电位是神经元之间的共同语言，在生物神经系统中起着极为关键的作用。HR 神经元模型较好地描述了 HR 神经元产生的动作电位。在过去的几十年里，来自生物、物理、神经科学、数学、计算机科学和电子学领域的众多学者都对 HR 神经元模型倾注了大量关注。通常，在生物、物理、神经科学领域，对 HR 神经元系统的研究大多以实体实验为主；HR 生物神经元模型亦为实验所得。然而，对于动物或人类的神经系统研究，生物神经元或生物神经网络的数值仿真和硬件实验也是常用的研究方法（手段）。

通常，数值仿真是一种简单、有效的研究方法，数值实验一般在实体（硬件）实验之前进行。例如，为研究（分析）生物神经元与生物神经网络的混沌运动特性及其控制和同步的方法，通常先做数值仿真实验。Wu 等通过数值仿真研究 HR 生物神经元模型的脉冲控制与同步，该结果有助于从神经元信息处理角度理解信号编码和转换的动态机制；Che 等从数值角度，研究了单个 HR 生物神经元模型的动力学特性，并设计了基于神经网络的滑模控制实现主从 HR 生物神经元的同步；Li 等利用自适应神经网络 H 无穷控制获得了两个 Ghostburster 神经元的同步；自适应、指数快速同步以及基于观测器的同步方法相继应用于实现两个 HR 生物神经元的同步。这些数值仿真实验研究结果对于生物实体实验具有指导意义。

然而，计算机仿真只有有限的计算精度，实验测量（不论从时域还是频域而言）也仅具备有限的测量精度。我们所观察到的神经元行为很有可能因观测设备的限制而无法获得准确的结果，或者神经元貌似混沌的动力学行为很有可能是规则的、具有有限周期或带宽的行为，仅仅因为神经元的运动周期或带宽超出了现有仪器所能观测到的范围。实际上，已经有实例证明那些原本认为是混沌的运动实际上是周期较大的周期运动。为解决上述问题，需要有分析方法分析系统的动力学特性，以保证系统的混沌行为的确存在。对自治系统而言，Shilnikov 的工作，或称为 Shilnikov 定理是研究混沌现象，分析混沌特性的一种有效的解析方法。Zhang 等利用 Shilnikov 定理讨论了机电耦合非线性系统的混沌特性，并给出关于 Shilnikov 型 Smale 马蹄混沌存在的严格数学证明，得到了通向 Smale 马蹄混沌的条件。基于 Shilnikov 定理，研究人员构造出一类具有多卷轴的分段线性混沌系统、具有二次型的三角系统的混沌吸引子、一类新的三维平方混沌系统等诸多新型混沌系统。

本章共 5 小节，3.2 节给出 HR 神经元模型及相关分析；3.3 节利用 Shilnikov 方法分析 HR 神经元的混沌行为；3.4 节给出数值仿真结果验证 3.3 节的理论分析结果；3.5 节是本章小结。

3.2　HR 神经元模型及数学分析

HR 神经元模型可表示为如下动力学方程：

$$\begin{cases} \dot{x} = y - ax^3 + bx^2 - z + I_{ext} \\ \dot{y} = c - dx^2 - y \\ \dot{z} = r[s(x - x_0) - z] \end{cases} \tag{3-1}$$

式中，x 为膜电位；y 为与 Na^+ 或 K^+ 离子快速电流相关的恢复电位；z 为与 Ca^{2+} 离子慢速电流相关的自适应电流。本章中 $a = 1$，$b = 3$，$c = 1$，$d = 5$，$s = 4$，$r = 0.006$，$x_0 = -1.6$。外部电流输入为 I_{ext}。

HR 神经元模型（3-1）的平衡点为：

$$\begin{cases} x_1^* = -\dfrac{2}{3} + \sqrt[3]{-p + \sqrt{p^2 + \left(\dfrac{8}{9}\right)^3}} + \sqrt[3]{-p - \sqrt{p^2 + \left(\dfrac{8}{9}\right)^3}} \\ x_2^* = 1 - 5x_1^{*2} \\ x_3^* = 4x_1^* + 6.4 \\ p = \dfrac{449}{270} - \dfrac{I_{ext}}{2} \end{cases} \tag{3-2}$$

定义如下坐标变换：

$$\begin{cases} x_1 = x_1^* + X_1 \\ x_2 = x_2^* + X_2 \\ x_3 = x_3^* + X_3 \end{cases} \tag{3-3}$$

那么 HR 神经元模型可化为：

$$\begin{cases} \dot{X}_1 = -(3x_1^{*2} - 6x_1^*)X_1 + X_2 - X_3 + (3 - 3x_1^*)X_1^2 - X_1^3 \\ \dot{X}_2 = -10x_1^* X_1 - X_2 - 5X_1^2 \\ \dot{X}_3 = 4rX_1 - rX_3 \end{cases} \tag{3-4}$$

系统（3-4）的平衡点为 $(0, 0, 0)^T$。

令 $a_2 = 3x_1^{*2} - 6x_1^*$，$b_2 = 3 - 3x_1^*$，$c_2 = -10x_1^*$，那么系统（3-4）可写为如下紧凑形式：

$$\begin{pmatrix} \dot{X}_1 \\ \dot{X}_2 \\ \dot{X}_3 \end{pmatrix} = \begin{pmatrix} -a_2 & 1 & -1 \\ c_2 & -1 & 0 \\ 4r & 0 & -r \end{pmatrix} \begin{pmatrix} X_1 \\ X_2 \\ X_3 \end{pmatrix} + \begin{pmatrix} b_2X_1^2 - X_1^3 \\ -5X_1^2 \\ 0 \end{pmatrix} \tag{3-5}$$

3.3　HR 神经元模型的 Shilnikov 分析

Shilnikov 方法是混沌特性分析的重要工具，本节利用 Shilnikov 方法分析 HR

神经元模型的混沌特性。首先给出 Shilnikov 定理, 以此为引理给出 HR 生物神经元产生混沌放电特性时, 外电场激励的条件。

Shilnikov 定理 (引理) 对于三维自治系统

$$\dot{x} = f(x) \tag{3-6}$$

其中, $x \in \mathbf{R}^3$, $f: \mathbf{R}^3 \mapsto \mathbf{R}^3 \in C^r(r \geqslant 2)$ 为二阶连续可导函数。令 x_0 为系统 (3-6) 的平衡点, $J = Df(x_0)$ 为在平衡点 x_0 处的雅可比矩阵。雅可比矩阵 $J = Df(x_0)$ 的特征值具有如下形式:

$$\gamma, \ \sigma \pm j\omega, \ \sigma\gamma < 0, \ \omega \neq 0, \ \gamma, \ \sigma, \ \omega \in \mathbf{R}$$

如果 $|\gamma| > |\sigma|$ 且存在一条经过平衡点 x_0 的同宿轨道 Γ, 那么系统 (3-6) 具有 Smale 马蹄意义混沌。

定理 如果 HR 神经元系统 (3-5) 的外部电场激励 I_{ext} 满足式 (3-9), 那么 HR 神经元系统 (3-5) 具有 Smale 马蹄意义下的混沌。

证明 HR 神经元系统 (3-5) 在平衡点 $(0, 0, 0)^\mathrm{T}$ 的雅可比矩阵为

$$J = \begin{pmatrix} -a_2 & 1 & -1 \\ c_2 & -1 & 0 \\ 4r & 0 & -r \end{pmatrix}$$

那么, 系统的特征方程为:

$$\lambda^3 + (1 + r + a_2)\lambda^2 + \left[(5 + a_2)r + a_2 - c_2\right]\lambda + (4 + a_2 - c_2)r = 0 \tag{3-7}$$

若令 $\lambda = \theta - \dfrac{1 + r + a_2}{3}$, 那么式 (3-7) 可写为

$$\theta^3 + m\theta + n = 0 \tag{3-8}$$

其中

$$m = (5 + a_2)r + a_2 - c_2 - \frac{(1 + r + a_2)^2}{3}$$

$$n = (4 + a_2 - c_2)r + \frac{2(1 + r + a_2)^3}{27} - \frac{(1 + r + a_2)\left[(5 + a_2)r + a_2 - c_2\right]}{3}$$

根据 Cardanofoumular, 如果:

$$\Delta = \left(\frac{n}{2}\right)^2 + \left(\frac{m}{3}\right)^3 > 0$$

且

$$\sqrt[3]{-\frac{n}{2} + \sqrt{\Delta}} + \sqrt[3]{-\frac{n}{2} - \sqrt{\Delta}} < -\frac{2}{3}(1 + r + a_2)$$

那么, 方程 (3-8) 具有 3 个特征根: $\gamma, \ \sigma \pm j\omega$ 且 $\gamma < 0, \ \sigma > 0, \ |\gamma| > |\sigma|$。

于是，有 $-0.838 < x_1^* < -0.425$，做适当的放大可得：$-0.838 < x_1^* < 0$。由式（3-2）可得：

$$-0.838 < -\frac{2}{3} + \sqrt[3]{-p + \sqrt{p^2 + \left(\frac{8}{9}\right)^3}} + \sqrt[3]{-p - \sqrt{p^2 + \left(\frac{8}{9}\right)^3}} < -0.601$$

因此，$-0.09 < p < 0.21$，其中 $p = \frac{449}{270} - \frac{I_{ext}}{2}$。

于是

$$2.9 < I_{ext} < 3.5 \tag{3-9}$$

接下来，给出 HR 神经元的同宿轨道。以下将讨论坐标变换后的 HR 神经元系统（3-5）的级数解。

当 $t \geq 0$ 时，设 $X_1(t)$、$X_2(t)$、$X_3(t)$ 为：

$$\begin{cases} X_1(t) = \sum_{k=1}^{+\infty} A_k e^{k\alpha t} \\[2mm] X_2(t) = \sum_{k=1}^{+\infty} B_k e^{k\alpha t} \\[2mm] X_3(t) = \sum_{k=1}^{+\infty} C_k e^{k\alpha t} \end{cases} \tag{3-10}$$

式中，A_k、B_k、C_k 为待定系数；α 为负的特征值。假定式（3-10）是神经元系统（3-5）的级数解，将式（3-10）代入系统（3-5），可得式（3-11）、式（3-12）和式（3-13）。

当 $k = 1$ 时，有

$$(\alpha E - J) \begin{pmatrix} A_1 \\ B_1 \\ C_1 \end{pmatrix} = 0 \tag{3-11}$$

因 $\alpha E - J$ 的行列式 $\det(\alpha E - J) = 0$ 且 $(A_1, B_1, C_1)^T \neq (0, 0, 0)^T$，$A_1$、$B_1$、$C_1$ 可由参数 ξ 决定。与式（3-11）相似。

当 $k = 2$ 时，有

$$(2\alpha E - J) \begin{pmatrix} A_2 \\ B_2 \\ C_2 \end{pmatrix} = \begin{pmatrix} b_2 A_1^2 \\ -5A_1^2 \\ 0 \end{pmatrix} \tag{3-12}$$

当 $k > 2$ 时，有

$$(k\alpha \boldsymbol{E} - \boldsymbol{J})\begin{pmatrix} A_k \\ B_k \\ C_k \end{pmatrix} = \begin{pmatrix} b_2 \sum_{i=1}^{k-1} A_{k-i}A_i - \sum \begin{bmatrix} 3 \\ \tau_1, & \tau_2, & \tau_3 \end{bmatrix} A_m^{\tau_1} A_n^{\tau_2} A_p^{\tau_3} \\ -5 \sum_{i=1}^{k-1} A_{k-i}A_i \\ 0 \end{pmatrix} \quad (3\text{-}13)$$

其中，$m + n + p = k$，$\tau_1 + \tau_2 + \tau_3 = 3$，且 $\begin{bmatrix} 3 \\ \tau_1, & \tau_2, & \tau_3 \end{bmatrix} = \dfrac{3!}{\tau_1! \ \tau_2! \ \tau_3!}$。

因 $k\alpha \boldsymbol{E} - \boldsymbol{J}$ 的行列式 $\det(k\alpha \boldsymbol{E} - \boldsymbol{J}) \neq 0$，$k > 1$，那么 A_k、B_k、$C_k(k > 1)$ 可计算为：

当 $k = 2$ 时，有：

$$\begin{pmatrix} A_2 \\ B_2 \\ C_2 \end{pmatrix} = (2\alpha \boldsymbol{E} - \boldsymbol{J})^{-1} \begin{pmatrix} b_2 A_1^2 \\ -5 A_1^2 \\ 0 \end{pmatrix} \quad (3\text{-}14)$$

当 $k > 2$ 时，有：

$$\begin{pmatrix} A_k \\ B_k \\ C_k \end{pmatrix} = (k\alpha \boldsymbol{E} - \boldsymbol{J})^{-1} \begin{pmatrix} b_2 \sum_{i=1}^{k-1} A_{k-i}A_i - \sum \begin{bmatrix} 3 \\ \tau_1, & \tau_2, & \tau_3 \end{bmatrix} A_m^{\tau_1} A_n^{\tau_2} A_p^{\tau_3} \\ -5 \sum_{i=1}^{k-1} A_{k-i}A_i \\ 0 \end{pmatrix} \quad (3\text{-}15)$$

至此，当 $t > 0$ 时，我们已获得 HR 生物神经元系统（3-5）的级数解。

当 $t < 0$ 时，令 $\tau = -t(t > 0)$，系统（3-5）可重写为：

$$\begin{pmatrix} \dot{X}_1 \\ \dot{X}_2 \\ \dot{X}_3 \end{pmatrix} = \begin{pmatrix} a_2 & -1 & 1 \\ -c_2 & 1 & 0 \\ -4r & 0 & r \end{pmatrix} \begin{pmatrix} X_1 \\ X_2 \\ X_3 \end{pmatrix} + \begin{pmatrix} -b_2 X_1^2 + X_1^3 \\ 5 X_1^2 \\ 0 \end{pmatrix} \quad (3\text{-}16)$$

相似地，令 $X_1(t)$、$X_2(t)$、$X_3(t)$ 为：

$$\begin{cases} X_1(\tau) = \sum_{k=1}^{+\infty} A_k' \mathrm{e}^{-k\gamma\tau} \\ X_2(\tau) = \sum_{k=1}^{+\infty} B_k' \mathrm{e}^{-k\gamma\tau} \\ X_3(\tau) = \sum_{k=1}^{+\infty} C_k' \mathrm{e}^{-k\gamma\tau} \end{cases} \quad (3\text{-}17)$$

式（3-17）为系统（3-16）的级数解。将式（3-17）代入系统（3-16），有如下结果：

当 $k = 1$ 时，有：

$$(-\gamma E + J)\begin{pmatrix} A'_1 \\ B'_1 \\ C'_1 \end{pmatrix} = 0 \qquad\qquad (3\text{-}18)$$

当 $k = 2$ 时，有：

$$(-2\gamma E + J)\begin{pmatrix} A'_2 \\ B'_2 \\ C'_2 \end{pmatrix} = \begin{pmatrix} b_2 A'^2_1 \\ -5A'^2_1 \\ 0 \end{pmatrix} \qquad\qquad (3\text{-}19)$$

当 $k > 2$ 时，有：

$$(-k\gamma E + J)\begin{pmatrix} A'_k \\ B'_k \\ C'_k \end{pmatrix} = \begin{pmatrix} b_2 \sum_{i=1}^{k-1} A'_{k-i}A'_i - \sum \begin{bmatrix} 3 \\ \tau_1, \ \tau_2, \ \tau_3 \end{bmatrix} A'^{\tau_1}_m A'^{\tau_2}_n A'^{\tau_3}_p \\ -5\sum_{i=1}^{k-1} A'_{k-i}A'_i \\ 0 \end{pmatrix}$$

$$(3\text{-}20)$$

式中，A'_k、B'_k、C'_k、γ 为待定系数，且 $\gamma < 0$。如果选择 $\gamma = \alpha$，那么式（3-18）具有非平凡解 A'_1、B'_1、C'_1。A'_1、B'_1、C'_1 由参数 η 决定，A'_k、B'_k、C'_k 可按如下方式计算：

当 $k = 2$ 时，有：

$$\begin{pmatrix} A'_2 \\ B'_2 \\ C'_2 \end{pmatrix} = (-2\gamma E + J)^{-1}\begin{pmatrix} b_2 A'^2_1 \\ -5A'^2_1 \\ 0 \end{pmatrix} \qquad\qquad (3\text{-}21)$$

当 $k > 2$ 时，有：

$$\begin{pmatrix} A'_k \\ B'_k \\ C'_k \end{pmatrix} = (-k\gamma E + J)^{-1}\begin{pmatrix} b_2 \sum_{i=1}^{k-1} A'_{k-i}A'_i - \sum \begin{bmatrix} 3 \\ \tau_1, \ \tau_2, \ \tau_3 \end{bmatrix} A'^{\tau_1}_m A'^{\tau_2}_n A'^{\tau_3}_p \\ -5\sum_{i=1}^{k-1} A'_{k-i}A'_i \\ 0 \end{pmatrix}$$

$$(3\text{-}22)$$

于是，HR 神经元系统（3-5）的同宿轨道可写为：

$$\begin{cases} X_1(t) = \begin{cases} \displaystyle\sum_{k=1}^{+\infty} A_k \mathrm{e}^{k\alpha t} & (t \geqslant 0) \\ \displaystyle\sum_{k=1}^{+\infty} A'_k \mathrm{e}^{-k\alpha t} & (t < 0) \end{cases} \\[4em] X_2(t) = \begin{cases} \displaystyle\sum_{k=1}^{+\infty} B_k \mathrm{e}^{k\alpha t} & (t \geqslant 0) \\ \displaystyle\sum_{k=1}^{+\infty} B'_k \mathrm{e}^{-k\alpha t} & (t < 0) \end{cases} \\[4em] X_3(t) = \begin{cases} \displaystyle\sum_{k=1}^{+\infty} C_k \mathrm{e}^{k\alpha t} & (t \geqslant 0) \\ \displaystyle\sum_{k=1}^{+\infty} C'_k \mathrm{e}^{-k\alpha t} & (t < 0) \end{cases} \end{cases} \tag{3-23}$$

其中，参数 ξ、η 可由如下等式确定：

$$\sum_{k=1}^{+\infty} A_k = \sum_{k=1}^{+\infty} A'_k, \qquad \sum_{k=1}^{+\infty} B_k = \sum_{k=1}^{+\infty} B'_k, \qquad \sum_{k=1}^{+\infty} C_k = \sum_{k=1}^{+\infty} C'_k$$

根据 Shilnikov 定理，HR 神经元系统（3-5）具有 Smale 马蹄意义混沌。定理得证。

3.4 数值仿真研究

本节设计仿真实验，从混沌运动的特征值角度，验证 3.3 节的理论结果。我们给出相轨迹、时域响应以及李雅普诺夫指数谱表征 HR 生物神经元的混沌动力学特性。仿真中选取的 HR 生物神经元模型参数见表 3-1。

表 3-1 仿真中的模型参数值

参　数	取　值	参　数	取　值
a	1	x_0	-1.6
b	3	I_{ext}	3.2
c	1	$x(0)$	0
d	5	$y(0)$	0.05
s	4	$z(0)$	0.02
r	0.006		

图 3-1 给出了 HR 神经元的时间响应，图 3-2 是 HR 神经元的相轨迹，图 3-3

的曲线是 HR 神经元的 Lyapunov 指数谱。从图 3-3 可以看出 HR 神经元的 Lyapunov 指数谱线大于零，表明当外部电流激励为 3.2，属于式（3-9）所规定的范围，HR 神经元的动作电位呈混沌特性。

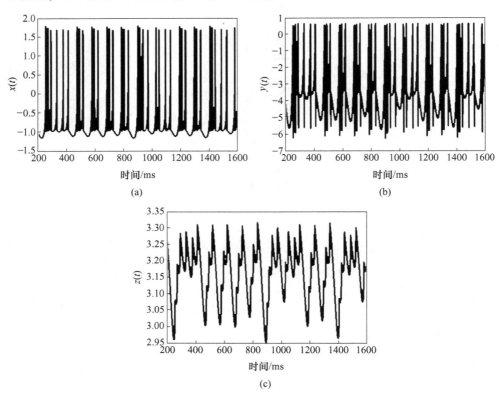

图 3-1 当 $I_{ext}=3.2$ 时 HR 神经元的时域响应

（a）$I_{ext}=3.2$ 时状态 x 的时域响应；（b）$I_{ext}=3.2$ 时状态 y 的时域响应；（c）$I_{ext}=3.2$ 时状态 z 的时域响应

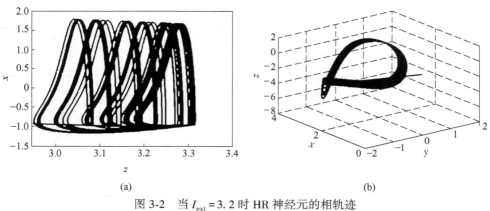

图 3-2 当 $I_{ext}=3.2$ 时 HR 神经元的相轨迹

（a）$I_{ext}=3.2$ 时状态 xz 的相轨迹；（b）$I_{ext}=3.2$ 时状态 xyz 的相轨迹

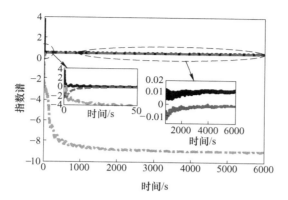

图 3-3　当 $I_{ext} = 3.2$ 时 HR 神经元的 Lyapunov 指数谱

　　而当 I_{ext} 取为 2.5，不属于式（3-9）所规定的范围，HR 神经元的动作电位是周期的。图 3-4、图 3-5 给出了 HR 神经元的周期时间响应以及周期相轨迹；图 3-6 描述了 $I_{ext} = 2.5$ 时的最大 Lyapunov 指数曲线，它始终比零小。

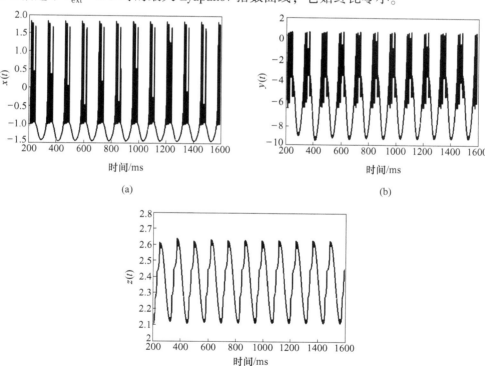

图 3-4　当 $I_{ext} = 2.5$ 时 HR 神经元的时域响应

（a）$I_{ext} = 2.5$ 时状态 x 的时域响应；（b）$I_{ext} = 2.5$ 时状态 y 的时域响应；（c）$I_{ext} = 2.5$ 时状态 z 的时域响应

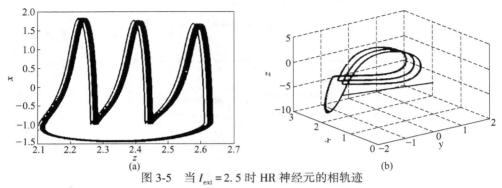

图 3-5　当 $I_{ext} = 2.5$ 时 HR 神经元的相轨迹

（a）$I_{ext} = 2.5$ 时状态 xz 的相轨迹；（b）$I_{ext} = 2.5$ 时状态 xyz 的相轨迹

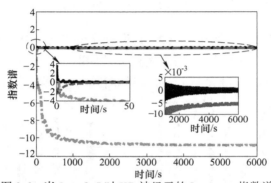

图 3-6　当 $I_{ext} = 2.5$ 时 HR 神经元的 Lyapunov 指数谱

3.5　本章小结

本章讨论了 HR 神经元产生混沌放电行为时外部激励电流的取值范围。基于 Shilnikov 定理，本书从数学上严格分析了产生混沌行为的外部激励电流的取值条件。神经元混沌行为分析的解析方法以严格的数学分析保证了 HR 生物神经元混沌行为的存在，避免了实验或数值仿真方法在理论上的不足；同时，本章所得结果也为实验和数值仿真研究奠定了坚实的理论基础。

参 考 文 献

［1］王炜. 待定固有频率法与非线性动力系统的复杂动力学［D］. 天津：天津大学，2009.

［2］李亚峻. 混沌判据——Melnikov 算法的研究［D］. 吉林：吉林大学，2004.

［3］Wu Q J, Zhou J, Xiang L, et al. Impulsive control and synchronization of chaotic Hindmarsh-Rose models for neuronal activity［J］. Chaos, Solitons and Fractals, 2009, 41: 2706-2715.

［4］ Che Y Q, Wang J, Tsang K M, et al. Unidirectional synchronization for Hindmarsh-Rose neurons via robustadaptive sliding mode control ［J］. Nonlinear Analysis: Real World Applications, 2010, 11: 1096-1104.

［5］ Christopher P S. Shilnikov's theorem—A tutorial ［J］. IEEE Transactions on Circuit and Systems, 1993, 40: 675-682.

［6］ Linaro D, Poggi T, Storace M. Experimental bifurcation diagram of a circuit-implemented neuron model ［J］. Physics Letters A, 2010, 374: 4589-4593.

［7］ Gu H G, Jia B, Chen G R. Experimental evidence of a chaotic region in a neural pacemaker ［J］. Physics Letters A, 2013, 377: 718-720.

［8］ Li H Y, Wong Y K, Chan W L, et al. Synchronization of Ghostburster neurons under external electrical stimulation via adaptive neural network H_∞ control ［J］. Neurocomputing, 2010, 74: 230-238.

［9］ Nguyen L H, Hong K S. Adaptive synchronization of two coupled chaotic Hindmarsh-Rose neurons by controlling the membrane potential of a slave neuron ［J］. Applied Mathematical Modelling, 2013, 37: 2460-2468.

［10］ Hrg D. Synchronization of two Hindmarsh-Rose neurons with unidirectional coupling ［J］. Neural Networks, 2013, 40: 73-79.

［11］ Zhang Q C, Tian R L, Wang W. Chaotic properties of mechanically and electrically coupled nonlinear dynamical systems ［J］. Acta Physica Sinica, 2008, 57: 2799-2804.

［12］ Li G L, Chen X Y. Constructing piecewise linear chaotic system based on the heteroclinic Shilnikov theorem ［J］. Communications in Nonlinear Science and Numerical Simulation, 2009, 14: 194-203.

［13］ Belozyorov V Y. On existence of homoclinic orbits for some types of autonomous quadratic systems of differential equations ［J］. Applied Mathematics and Computation, 2011, 217: 4582-4595.

［14］ Zhu S Q, Yang M, Zhang X H, et al. Constructing a chaotic system based on the Silnikov theorem ［J］. Journal of University of Science and Technology Beijing, 2005, 27: 635-637.

［15］ Zheng Z H, Chen G R. Existence of heteroclinic orbits of the Shil nikov type in a 3D quadratic autonomous chaotic system ［J］. Journal of Mathematical Analysis and Applications, 2006, 315: 106-119.

［16］ Deng K B, Yu S M. Constructiong new chaotic system based on Silnikov theorem ［J］. Application Research of Computers, 2013, 30: 3038-3040.

［17］ Wang J Z, Chen Z Q, Yuan Z Z. Existence of a new three-dimensional chaotic attractor ［J］. Chaos, Solitons and Fractals, 2009, 42: 3053-3057.

［18］ Silva C P. Shilnikov's theorem-a tutorial ［J］. IEEE Transactions on Circuits and Syscems I: Fundamental Theory and Applications, 1993, 40: 675-682.

4   HR 生物神经系统的抗干扰同步

生物神经系统中生物神经元的混沌放电是生命体健康的必要条件，由生物神经元组成的生物神经系统的混沌行为同步是保证生命体正常生理功能实现的重要机制。生物神经系统的同步活动对生物神经系统的信息编码、传递、处理（记忆、计算等）以及其他各种生理功能的正常实现具有重要作用；此外，对于神经系统类疾病，如：癫痫、帕金森、阿尔茨海默症的预防和治疗，都可通过外加电场激励以驱动生物神经元达到混沌同步的手段来实现。因此，生物神经系统的混沌行为及其同步是生命体健康状态的重要表征，具有极为重要的理论和实际意义。

结合非线性系统理论、控制理论以及计算机仿真技术研究生物神经系统的混沌行为及其同步是生物神经动力学分析的一种新的有效手段，但因生物神经系统混沌行为及其同步本身的特殊要求和制约因素，使得这一问题的研究也面临不少挑战。

本章针对 HR 生物神经系统，研究两个 HR 生物神经元之间以及 HR 生物神经网络同步控制的抗干扰设计方法。本章共 4 小节，4.1 节是 HR 生物神经元的抗干扰同步，包括基于主动补偿的抗扰控制和线性自抗扰控制的 HR 生物神经元同步控制结果；4.2 节设计基于线性自抗扰控制的 HR 生物神经网络的同步；4.3 节设计基于基于主动补偿的 HR 生物神经网络的抗扰同步；4.4 节给出 HR 生物神经网络的复合抗干扰同步；4.5 节是本章小结。

4.1   HR 生物神经元的抗干扰同步

混沌是一类重要的非线性现象。混沌可控、混沌同步是生命体乃至自然界的重要特征，混沌同步在诸多科学领域，如物理、化学、生物、保密通信等领域都具有极大的潜在应用价值，因而受到人们的广泛关注。特别地，生物神经元之间的同步是大脑生物信息处理、产生规则节律行为的重要机制，同步是否存在以及同步的程度是生命体生理功能正常与否的关键因素。因此，生物神经系统的同步已成为人们关注的焦点。

为更好地理解生物神经元动态行为以及生物神经元之间、生物神经网络中各生物神经元之间的同步，人们建立了诸多生物神经元模型。第一个完整描述神经元膜电位动态的数学模型是英国生理学家霍治金（Hodgkin）和赫胥黎（Huxley）于 1952 年提出的 Hodgkin-Huxley（HH）模型。之后各种神经元模型相继提出，主要有 FitzHugh-Nagumo（FHN）模型、Hindmarsh-Rose（HR）模型、Chay 模型、Morris-Lecar 模型、Leech 模型以及 Ghostburster 模型等。在这些生物神经元模型的基础上，人们不断研究，发现生物神经元获得同步的机制主要有两类：一类基于生物神经元之间的自然耦合：突触和内部噪声，它们在同步中具有重要作用；另一类取决于人工耦合，也就是外加控制信号以获得神经元同步。

对于自然耦合，我们能在生物物理实验中观察到；同时，我们可依据实验结果建立生物神经系统的模型。生物物理实验结果和生物神经系统的理论分析结果均证明了自然耦合能促使生物神经元获得同步。对于人工耦合获得同步的机制，目前，人们已提出诸多同步方法用于生物神经系统的同步。通常，人们认为生物神经元之间的同步依赖于生物神经元之间电气和化学耦合的动作电位变量的相互作用。然而，一类存在于主神经元膜电位与从神经元慢速离子电流之间的主从神经元耦合关系同样能使生物神经元的膜电位动态得以同步。从神经科学和分子生物学的观点来看，生物神经元之间的上述连接关系是无法用实验证明的，因而这样一类同步耦合连接也被视为人工耦合。以此类新的人工耦合连接为基础，Dalibor 提出了 HR 生物神经元之间的快速指数同步。

同时，H 无穷自适应模糊控制、H 无穷自适应神经网络控制、模糊自适应控制、非线性反馈控制、鲁棒自适应滑模控制以及自适应控制等都在 HH 神经元等各种生物神经元同步系统中得以广泛应用。然而，已有的同步方法很大程度上依据生物神经元的精确模型。可是，实际系统中，不确定性不可避免。因此，不论从理论分析角度还是从实际应用角度，不依赖于系统精确模型的生物神经系统同步控制方法显得更为重要。

此外，在已有的同步控制方法中，有的还需要知道生物神经元所有状态变量的信息，也就是说假定生物神经元的每个状态变量都可测量，同步控制作用施加于神经元的每个状态变量；而实际上，并非神经元的所有状态变量都可测，而且神经元各状态变量亦非都可接收外部电信号。因而，对每个状态变量施加控制的方法不一定都实用。

再者，大多数同步控制方法并未考虑外部干扰对同步效果的影响。实际上，干扰信号在实际系统中必定存在，设计同步控制算法时考虑干扰对同步效果的影响，必然有助于提高同步控制性能。

因此，仅利用一个控制输入并且考虑外部不确定性因素和干扰的同步控制方法在生物神经系统的同步研究中具有重要意义。本节基于抗干扰控制思想，将未知非线性函数、内外不确定因素视为干扰，设计基于主动补偿的抗扰控制和线性自抗扰控制实时估计并补偿这些干扰因素，以实现不同外部激励作用下的两个

HR 生物神经元系统的同步。

　　HR 生物神经元模型可由如下三维微分方程表示：

$$\begin{cases} \dot{x} = y - ax^3 + bx^2 - z + I_{ext} \\ \dot{y} = c - dx^2 - y \\ \dot{z} = r[s(x - x_0) - z] \end{cases} \tag{4-1}$$

式中，x 为膜电位；y 为与 Na^+ 或 K^+ 离子快速电流相关的恢复电位；z 为与 Ca^{2+} 离子慢速电流相关的自适应电流。本章中 $a = 1$，$b = 3$，$c = 1$，$d = 5$，$s = 4$，$r = 0.006$，$x_0 = -1.6$。外部电流输入为 I_{ext}。

　　I_{ext} 取值不同时膜电位动态不同，图 4-1 给出了 I_{ext} 取不同值时膜电位动态特性。$I_{ext} = 3.2$ 时，膜电位呈现混沌状态；$I_{ext} = 2.8$ 时，膜电位呈现周期状态。从膜电位波形和相轨迹（x-z 平面相轨迹和 x-y-z 平面相轨迹）可以明显区分出两类不同的运动行为。

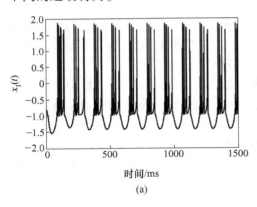

(a)

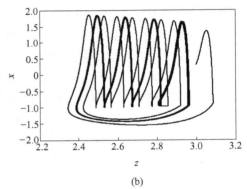

(b)

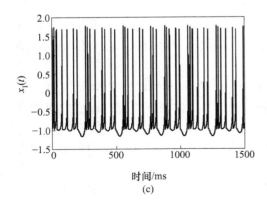

(c)

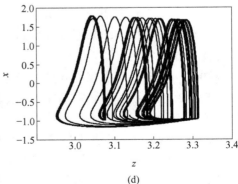

(d)

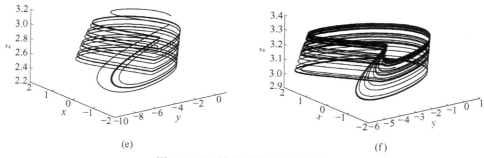

$$(e) \qquad\qquad (f)$$

图 4-1 HR 神经元的动力学行为

(a) $I_{ext} = 2.8$ 时的周期动态；(b) $I_{ext} = 2.8$ 时的 x-z 平面相轨迹；(c) $I_{ext} = 3.2$ 时的混沌动态；

(d) $I_{ext} = 3.2$ 时的 x-z 平面相轨迹；(e)，(f) x-y-z 平面相轨迹

4.1.1 基于主动补偿的抗扰控制同步设计

具有耦合关系的主从 HR 生物神经元动态模型如下：

主神经元：

$$\begin{cases} \dot{x}_m = y_m - ax_m^3 + bx_m^2 - z_m - g(x_m - x_s) + I_{ext,m} \\ \dot{y}_m = c - dx_m^2 - y_m \\ \dot{z}_m = r[s(x_m - x_0) - z_m] \end{cases} \qquad (4\text{-}2)$$

从神经元：

$$\begin{cases} \dot{x}_s = y_s - ax_s^3 + bx_s^2 - z_s - g(x_s - x_m) + I_{ext,s} + u \\ \dot{y}_s = c - dx_s^2 - y_s \\ \dot{z}_s = r[s(x_s - x_0) - z_s] \end{cases} \qquad (4\text{-}3)$$

式中，a、b、c 为未知参数；g 为耦合系数，亦假定未知；$I_{ext,m}$ 和 $I_{ext,s}$ 分别为施加于主、从神经元的外部激励电流；u 为用于同步两个耦合 HR 生物神经元的控制信号。定义同步偏差为：

$$e_1 = x_s - x_m, \qquad e_2 = y_s - y_m, \qquad e_3 = z_s - z_m$$

于是，偏差动力系统为：

$$\begin{cases} \dot{e}_1 = f(\cdot) + u \\ \dot{e}_2 = -de_1(x_s + x_m) - e_2 \\ \dot{e}_3 = rse_1 - re_3 \end{cases} \qquad (4\text{-}4)$$

其中 $f(\cdot) = -2ge_1 - ae_1(x_s^2 + x_m x_s + x_m^2) + be_1(x_s + x_m) + e_2 - e_3 + I_{ext,s} - I_{ext,m}$。

设计 u 使从神经元系统状态跟踪主神经元状态，也就是说在控制信号 u 的作用下，实现 $\lim_{t \to \infty} e_i(t) = 0 (i = 1, 2, 3)$。当非线性函数 $f(\cdot)$ 已知时，可设计如下反馈控制器实现两个耦合 HR 生物神经元的同步：

$$u^* = -h_0 e_1 - f(\cdot) \tag{4-5}$$

式中，$h_0 > 0$ 是控制律 u^* 的反馈增益。那么，偏差动力学系统（4-4）的可重写为：

$$\begin{cases} \dot{e}_1 = -h_0 e_1 \\ \dot{e}_2 = -de_1(x_s + x_m) - e_2 \\ \dot{e}_3 = rse_1 - re_3 \end{cases} \tag{4-6}$$

由偏差动力学系统（4-6）可知，选择合适的控制器增益 $h_0 > 0$，偏差变量 e_1 将收敛到零，系统（4-6）的零动态同样渐近稳定。因此，在控制律 u^* 作用下，同步偏差系统的轨迹渐近收敛到零，也就是两个耦合 HR 生物神经元的动态特性渐近同步。

对于控制律 u^* 而言，其组成部分 $f(\cdot)$ 要求已知。实际情况下，$f(\cdot)$ 并不能确切获得。因此，要使控制律 u^* 真正起作用必须获得非线性函数 $f(\cdot)$ 的信息。实现这一目标有两种办法：其一，辨识非线性函数 $f(\cdot)$；其二，将 $f(\cdot)$ 视为一个信号，实时估计非线性函数 $f(\cdot)$ 的数值。相比而言，将 $f(\cdot)$ 视为一个信号，实时估计其数值更为实用，这也是大多数基于干扰估计的控制策略设计和实现的基本出发点。

以此为基础，本节同样设计基于干扰估计的主动补偿控制策略，对非线性函数 $f(\cdot)$ 的数值实时估计并补偿，以达到同步两个 HR 生物神经元动态的目的。

基于主动补偿的抗扰控制器设计如下：

$$\begin{cases} u = -h_0 z_1 - h_1 z_2 - \cdots - h_{n-1} z_n - \hat{d} = -\sum_{i=0}^{n-1} h_i z_{i+1} - \hat{d} \\ \hat{d} = \xi + \sum_{i=0}^{n-1} k_i z_{i+1} \\ \dot{\xi} = -k_{n-1}\xi - k_{n-1}\sum_{i=0}^{n-1} k_i z_{i+1} - \sum_{i=0}^{n-2} k_i z_{i+2} - k_{n-1} u \end{cases} \tag{4-7}$$

式中，$z_i (i = 1, \cdots, n)$ 是系状态变量；h_i、$k_i (i = 0, 1, \cdots, n-1)$ 为可调参数，选择 h_i 使特征多项式 $h(s) = s^n + h_{n-1}s^{n-1} + \cdots + h_1 s + h_0$ 的根都在 s 平面的左半部；$\hat{d}$ 为干扰估计器，用于估计系统的不确定性，ξ 为中间变量。

实际上，实际系统中不确定性必然存在。不确定性存在时，保证系统的控制性能保持不变具有重要的工程意义。主动补偿控制中的干扰估计器能够实时估计不确定因素对系统性能的影响，保证系统的闭环性能。当相对阶次为 1 时，控制律可设计为：

$$\begin{cases} u = -h_0(y - y_r) - \hat{d} \\ \dot{\hat{d}} = \xi + k_0(y - y_r) \\ \dot{\xi} = -k_0\xi - k_0^2(y - y_r) - k_0u \end{cases} \tag{4-8}$$

式中，$\hat{d}$ 为干扰估计器；y 为系统的输出；y_r 为系统的期望输出；$h_0 > 0$ 为可调参数，它决定了系统的响应速度，k_0 为可调参数，它决定了系统的稳定性；ξ 为中间变量。

控制律（4-8）包含干扰估计器，可保证同步系统的鲁棒性。由此我们得到如下定理：

定理 存在正的常数 $\mu^* > 0$，当可调参数 $k_0 > \mu^*$ 时，闭环系统式（4-9）是渐近稳定的。

$$\begin{cases} \dot{e}_1 = -h_0e_1 + \tilde{d} \\ \dot{\tilde{d}} = a(e_1, e_2, e_3) - k_0\tilde{d} \end{cases} \tag{4-9}$$

证明 对于闭环偏差系统（4-9），基于主动补偿的抗扰控制律可设计为：

$$\begin{cases} u = -h_0e_1 - \hat{d} \\ \dot{\hat{d}} = \xi + k_0e_1 \\ \dot{\xi} = -k_0\xi - k_0^2e_1 - k_0u \end{cases} \tag{4-10}$$

将式（4-10）代入偏差动力学系统（4-4），有：

$$\dot{e}_1 = -h_0e_1 + d - \hat{d} \tag{4-11}$$

式中，$d \triangleq f(\cdot)$。定义 $\tilde{d} \triangleq d - \hat{d}$，那么式（4-11）变为

$$\dot{e}_1 = -h_0e_1 + \tilde{d} \tag{4-12}$$

d 与 $\hat{d}$ 的变化率为：

$$\dot{d} = \dot{f}(\cdot) = a(e_1, e_2, e_3) \tag{4-13}$$

$$\begin{aligned} \dot{\hat{d}} &= \dot{\xi} + k_0\dot{e}_1 = -k_0\xi - k_0^2e_1 - k_0u + k_0(u + d) \\ &= -k_0\xi - k_0^2e_1 + k_0d = k_0(-\xi - k_0e_1 + d) \\ &= k_0(d - \hat{d}) = k_0\tilde{d} \end{aligned} \tag{4-14}$$

那么 $\dot{\tilde{d}} \triangleq \dot{d} - \dot{\hat{d}} = a(e_1, e_2, e_3) - k_0\tilde{d}$，于是，闭环偏差系统（4-12）可写为式（4-9）。

假定 V 是关于同步偏差 e_1 的正定、可微函数：

$$V = \frac{1}{2}e_1^2$$

那么，可定义紧集 $U_{V,M} = \{e_1 \mid V = \frac{1}{2}e_1^2 \leqslant M\}$。$M$ 为任意正值常数。因此，对于任意 $h_0 > 0$ 以及 $e_1 \in U_{V,M}$，有：

（1）$V(0) = 0$，$\left.\dfrac{\mathrm{d}V}{\mathrm{d}e_1}\right|_{e_1 = 0} = 0$；

（2）$\dfrac{\mathrm{d}V}{\mathrm{d}e_1}(-h_0 e_1) \leqslant -e_1^2$。

稳定闭环系统（4-9），可定义 Lyapunov 函数 $W = V + \frac{1}{2}\tilde{d}^2$。对于固定的 M，令 $U_{W,M}$ 为满足如下条件的紧集：

$$U_{W,M} = \{(e_1, \tilde{d}) \mid W = V + \frac{1}{2}\tilde{d}^2 \leqslant M\}$$

沿着闭环同步偏差系统（4-9）对 Lyapunov 函数 W 求微分，可得：

$$\dot{W} = \dot{V} + \tilde{d}\dot{\tilde{d}} = \frac{\mathrm{d}V}{\mathrm{d}e_1}(-h_0 e_1 + \tilde{d}) + \tilde{d}(a(e_1, e_2, e_3) - k_0\tilde{d})$$

显然，紧集 $U_{W,M}$ 在 $\tilde{d} = 0$ 的投影与 $U_{V,M}$ 一致。因此，条件（1）、（2）$\forall(e, \tilde{d}) \in U_{W,M}$ 仍然成立，且有如下技术引理：

1）因 $\left.\dfrac{\mathrm{d}V}{\mathrm{d}e}\right|_{e=0} = 0$，那么 $\left|\dfrac{\mathrm{d}V}{\mathrm{d}e}\right| \leqslant P_V|e|$，$\forall e \in U_{W,M}$；

2）$|a(e_1, e_2, e_3)| \leqslant P_\alpha|e|$，$\forall e \in U_{W,M}$。

其中，P_V、P_α 为依赖于 M 的正值常数。因此，$\forall(e, \tilde{d}) \in U_{W,M}$，有：

$$\dot{W} = \dot{V} + \tilde{d}\dot{\tilde{d}} = \frac{\mathrm{d}V}{\mathrm{d}e_1}(-h_0 e_1 + \tilde{d}) + \tilde{d}(a(e_1, e_2, e_3) - k_0\tilde{d})$$

$$\leqslant -e_1^2 + (P_{V_1} + P_{\alpha_1})|e_1||\tilde{d}| - k_0\tilde{d}^2$$

$$= -(e_1^2 - (P_{V_1} + P_{\alpha_1})|e_1||\tilde{d}| + k_0\tilde{d}^2)$$

$$= -\begin{bmatrix} |e_1| & |\tilde{d}| \end{bmatrix} \begin{bmatrix} 1 & \dfrac{-(P_{V_1} + P_{\alpha_1})}{2} \\ \dfrac{-(P_{V_1} + P_{\alpha_1})}{2} & k_0 \end{bmatrix} \begin{bmatrix} |e_1| \\ |\tilde{d}| \end{bmatrix}$$

依据 Sylvester 准则可得：

$$k_0 > \frac{(P_{V_1} + P_{\alpha_1})^2}{4}$$

令 $\mu^* = \dfrac{(P_{V_1} + P_{\alpha_1})^2}{4} > 0$。于是，当 $k_0 > \mu^*$，$\dot{W}$ 在紧集 $U_{W,M}$ 内负定，闭环同步偏差系统（4-9）在紧集 $U_{W,M}$ 内渐近稳定。闭环同步偏差系统渐近稳定意味着主、从 HR 生物神经元系统获得同步。

以下将从数值仿真角度验证所设计的同步控制方法的有效性。主神经元的状态初始值取为 $[x_{\mathrm{m}}(0)，y_{\mathrm{m}}(0)，z_{\mathrm{m}}(0)]^{\mathrm{T}} = [0.3，0.3，3.0]^{\mathrm{T}}$，从神经元状态初值取为 $[x_{\mathrm{s}}(0)，y_{\mathrm{s}}(0)，z_{\mathrm{s}}(0)]^{\mathrm{T}} = [0.1，0.6，2.0]^{\mathrm{T}}$。主、从 HR 生物神经元的耦合系数 g 取为 0.2。在以下的仿真实验中，仿真时间都取为 4000ms，控制作用均在 1600ms 加入。主动补偿抗扰控制器 u 的参数取为 $k_0 = h_0 = 20$。仿真中，我们考虑如下三种情形。

情形 1 主神经元的外部激励值为 3.2，从神经元的外部激励值为 2.8。在主动补偿的抗扰控制作用下促使周期运动的从神经元跟踪混沌运动的主神经元的动态。主从神经元的状态轨迹、同步偏差、施加控制作用后的相轨迹以及控制信号的变化如图 4-2 所示。

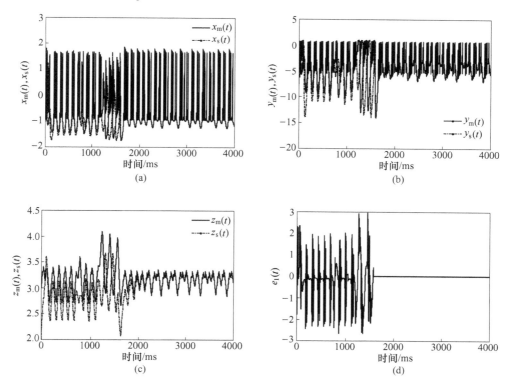

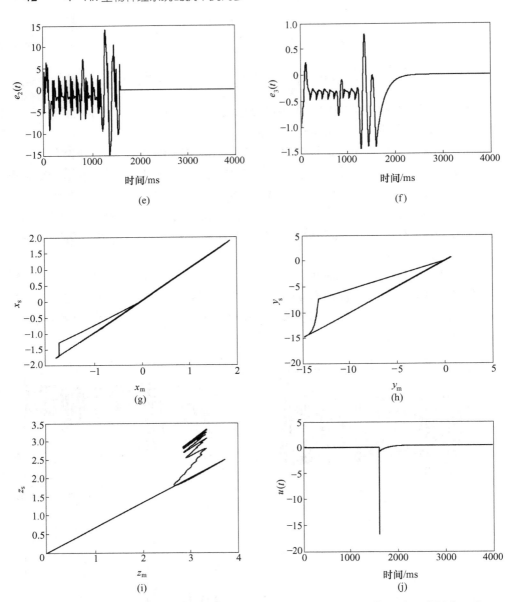

图 4-2　耦合 HR 生物神经元的主动补偿抗扰同步控制效果 I（周期运动跟踪混沌运动）

图 4-2 中，图 4-2（a）为 x_m 与 x_s 的时间响应；图 4-2（b）为 y_m 与 y_s 的时间响应；图 4-2（c）为 z_m 与 z_s 的时间响应；图 4-2（d）为 x_m 与 x_s 的同步偏差；图 4-2（e）为 y_m 与 y_s 的同步偏差；图 4-2（f）为 z_m 与 z_s 的同步偏差；图 4-2（g）为施加控制作用后 x_m 与 x_s 的相轨迹；图 4-2（h）为控制作用施加后 y_m 与 y_s 的相轨迹；图 4-2（i）为施加控制作用后 z_m 与 z_s 的相轨迹；图 4-2（j）为用于同步的

控制信号。

　　显然，在主动补偿的抗扰控制作用下耦合 HR 生物神经元动态可获得同步。

　　情形 2　主神经元的外部电场激励选为 2.8，从神经元的外部电场激励选为 3.2。设计主动补偿的抗扰控制器，使呈混沌放电状态的从神经元与呈周期运动状态的主神经元获得同步。主从神经元的状态轨迹、同步偏差、施加控制作用后的相轨迹以及控制信号的变化如图 4-3 所示。

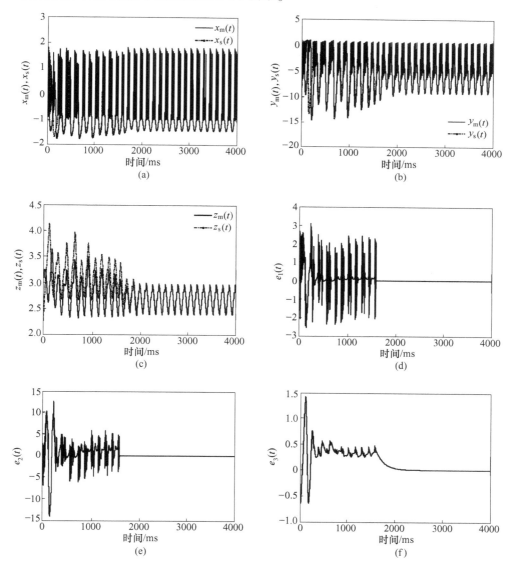

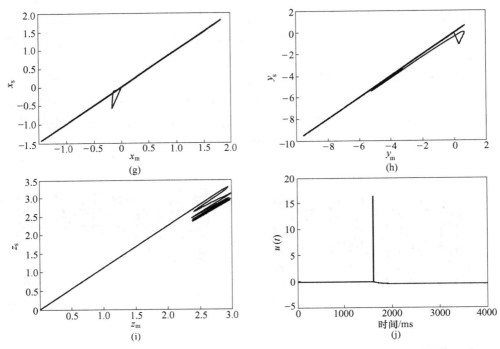

图 4-3　耦合 HR 生物神经元的主动补偿抗扰同步控制效果 I（混沌运动跟踪周期运动）

图 4-3 中，图 4-3（a）为 x_m 与 x_s 随时间变化的轨迹；图 4-3（b）为 y_m 与 y_s 随时间变化的轨迹；图 4-3（c）为 z_m 与 z_s 随时间变化的轨迹；图 4-3（d）为 x_m 与 x_s 的同步偏差；图 4-3（e）为 y_m 与 y_s 的同步偏差；图 4-3（f）为 z_m 与 z_s 的同步偏差；图 4-3（g）为施加控制作用后 x_m 与 x_s 的相轨迹；图 4-3（h）为施加控制作用后 y_m 与 y_s 的相轨迹；图 4-3（i）为施加控制作用后 z_m 与 z_s 的相轨迹；图 4-3（j）为实现神经元同步的控制信号。

由图 4-3 可知，主动补偿的抗扰控制可使混沌状态的 HR 生物神经元与周期状态的生物神经元同步。

情形 3　考虑与情形 1 相同的情形，即周期神经元动态跟踪混沌神经元动态。干扰信号于 2600ms 加入。干扰信号选为随机噪声，密度为 0.1，如图 4-4 所示。当干扰存在时，主动补偿的抗扰控制驱动从神经元与主神经元同步。同步结果如图 4-5 所示。

图 4-5 中，图 4-5（a）为 x_m 与 x_s 的时域响应；图 4-5（b）为 y_m 与 y_s 的时域响应；图 4-5（c）为 z_m 与 z_s 的时域响应；图 4-5（d）为 x_m 与 x_s 的同步偏差；图 4-5（e）为 y_m 与 y_s 的同步偏差；图 4-5（f）为 z_m 与 z_s 的同步偏差；图 4-5（g）为施加控制作用后 x_m 与 x_s 的相轨迹；图 4-5（h）为施加控制作用后 y_m 与 y_s 的相轨迹；图 4-5（i）为施加控制作用后 z_m 与 z_s 的相轨迹；图 4-5（j）为耦合 HR 生物神经元同步控制信号。

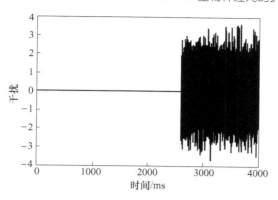

图 4-4 干扰信号

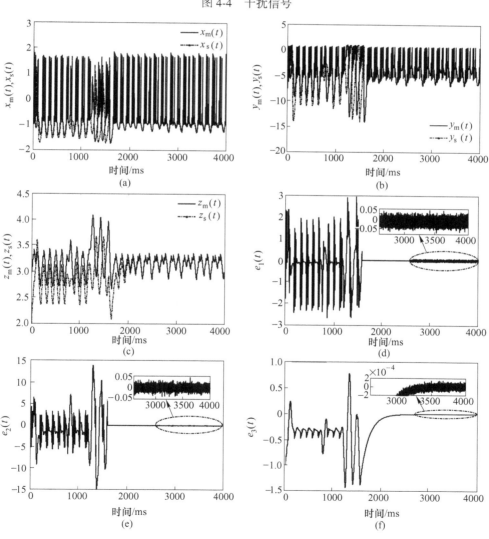

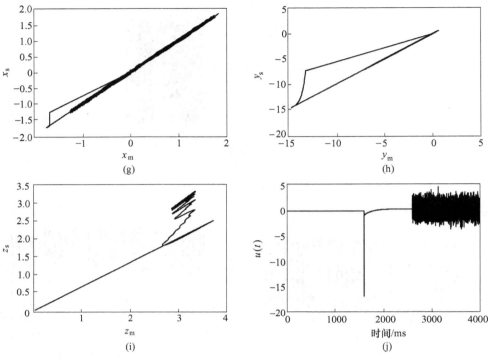

图 4-5   主动补偿抗扰控制作用下的 HR 生物神经元同步（干扰存在时）

从图 4-5 可明显看出，主动补偿抗扰控制能够抑制外部干扰，有效补偿干扰对神经元同步的影响。

综合上述三种情形，从同步效果来看，不论外部干扰是否存在，主动补偿抗扰控制均能够实现耦合 HR 生物神经元的有效同步。

本小节讨论了两个耦合 HR 生物神经元的主动补偿抗扰控制同步。理论分析和仿真结果均证明主动补偿抗扰控制可有效实现 HR 生物神经元之间的同步；并且，主动补偿抗扰控制无需神经系统的精确模型，通过实时估计外部干扰和不确定因素并进行实时补偿即可获得良好的同步效果，这为基于主动补偿的抗扰控制的实际应用奠定了良好的基础。

此外，本小节虽然仅讨论了 HR 生物神经元的主动补偿抗扰控制同步，但因主动补偿抗扰控制无需被控对象（神经元系统）的精确信息，使得主动补偿抗扰控制在其他神经元系统的同步应用中也具有极大的优势。主动补偿抗扰控制应用于其他神经系统的同步将在其他章节继续讨论。

4.1.2   线性自抗扰同步设计

自抗扰控制是韩京清先生于 20 世纪 90 年代提出的一种对模型依赖小的控制

技术。韩先生已证明所有被控对象的标准型为积分器串联型,与积分器串联型相悖的所有动态都可视为干扰或扰动。在自抗扰控制框架下,不论是来自系统内部的与积分器串联型相悖的动态、未建模动态以及参数变化;还是来自系统外部的干扰信号,都将其统一称为系统的总扰动。设计扩张状态观测器实时估计总扰动并设计控制律予以补偿,可以达到提高系统控制性能的目标。

最初,自抗扰控制利用非线性函数的性质获取良好的控制性能,但是,因非线性函数中参数较多,致使非线性形式的自抗扰控制的参数整定成为一项较为困难的工作。因此,自抗扰控制虽具有良好的控制性能,但因其参数整定复杂,在一定程度上限制了其广泛应用。

之后,美国克利夫兰州立大学华人学者高志强教授继承自抗扰控制的精髓——主动估计并补偿系统的总扰动,提出线性自抗扰控制技术并给出带宽(控制带宽 ω_c 和观测器带宽 ω_o)参数化整定方法。将非线性形式的自抗扰控制技术十几个参数的整定变为两个具有明确物理意义的参数,也就是控制器带宽 ω_c 及观测器带宽 ω_o,极大地方便了自抗扰控制的参数整定,推动了自抗扰控制技术的发展和应用。

本书亦采用线性自抗扰控制获得生物神经系统的同步控制结果。

二阶线性自抗扰控制结构如图 4-6 所示,其中 Plants 表示被控对象,扰动 d 是控制回路的干扰信号,线性扩张状态观测器(linear extended state observer,LESO)用于实时估计外部干扰 d 和系统内部的不确定性(如被控对象的参数摄动、未建模动态等)。控制量 u 和系统输出 y 是线性扩张状态观测器的两个输入,z_1、z_2 是 LESO 的输出,k_p、b_0 是控制器参数。

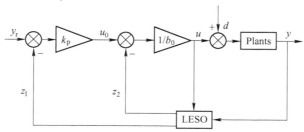

图 4-6 二阶线性自抗扰控制结构

线性扩张状态观测器的动力学方程为:

$$\begin{cases} \dot{z}_1 = z_2 + \beta_1(y - z_1) + b_0 u \\ \dot{z}_2 = \beta_2(y - z_1) \end{cases} \tag{4-15}$$

控制律设计为:

$$u = \frac{u_0 - z_2}{b_0} = \frac{k_p(y_r - z_1) - z_2}{b_0} \tag{4-16}$$

本节考虑的主、从 HR 神经元状态方程为：

$$\begin{cases} \dot{x}_1 = y_1 - ax_1^3 + bx_1^2 - z_1 + I_{\text{ext},1} \\ \dot{y}_1 = c - dx_1^2 - y_1 \\ \dot{z}_1 = r[s(x_1 - x_0) - z_1] \\ \dot{x}_2 = y_2 - ax_2^3 + bx_2^2 - z_2 + I_{\text{ext},2} + u + d_0 \\ \dot{y}_2 = c - dx_2^2 - y_2 \\ \dot{z}_2 = r[s(x_2 - x_0) - z_2] \end{cases} \tag{4-17}$$

式中，u 为施加的控制量（同步命令），是下标为 2 的从神经元跟踪下标为 1 的主神经元的状态；d_0 为外界干扰。定义误差变量 $e_x = x_2 - x_1$，$e_y = y_2 - y_1$，$e_z = z_2 - z_1$，然后同步误差系统变为：

$$\begin{cases} \dot{e}_x = f(x) + u + d_0 \\ \dot{e}_y = -d(2x_1 e_x + e_x^2) e_y \\ \dot{e}_z = r(se_x - e_z) \end{cases} \tag{4-18}$$

式中，$f(x) = e_y - a(x_2^3 - x_1^3) + b(x_2^2 - x_1^2) - e_z - 2ge_x + I_{\text{ext},2} - I_{\text{ext},1}$，在控制作用下使偏差 e_x 收敛到零。由式（4-18）可知，当 e_x 收敛到零时，e_y、e_z 均渐近收敛到零。HR 神经元的线性自抗扰同步结构如图 4-7 所示。

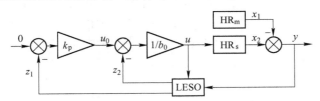

图 4-7   主从 HR 生物神经元的二阶线性自抗扰同步结构

HR$_m$ 为主神经元系统，HR$_s$ 为从神经元系统，从、主神经元系统的状态变量之差作为线性扩张状态观测器的一个输入。

HR 生物神经元的周期神经元外部激励电流 $I_{\text{ext}} = 2.8$，混沌神经元外部激励电流 $I_{\text{ext}} = 3.2$。下面我们对三种不同情形下的 HR 神经元系统进行仿真。依据线性自抗扰控制参数的带宽参数化整定方法，选取：

$$\omega_c = 4/t_s^*, \qquad \omega_o = k\omega_c, \qquad \beta_1 = 2\omega_o, \qquad \beta_2 = \omega_o^2, \qquad k_p = \omega_c$$

令 $t_s^* = 12$，$k = 1$，调节 b_0。

情形 1   在初值不同时，获得两个 HR 生物神经元的混沌同步，HR 生物神经元的初值分别为：

$$[x_{01}(0), y_{01}(0), z_{01}(0)]^T = [2, 0, 3.5]^T$$

$$[x_{02}(0), y_{02}(0), z_{02}(0)]^T = [1, 0, 3.5]^T$$

情形 2   混沌神经元作为主神经元，周期神经元作为从神经元，两个 HR 神经元的初值相同：

$$[x_{01}(0), y_{01}(0), z_{01}(0)]^{\mathrm{T}} = [2, 0, 3.5]^{\mathrm{T}}$$

$$[x_{02}(0), y_{02}(0), z_{02}(0)]^{\mathrm{T}} = [2, 0, 3.5]^{\mathrm{T}}$$

在这种情形下，利用线性自抗扰控制技术实现周期运动的 HR 生物神经元与混沌运动的 HR 神经元同步。

情形 3   周期神经元作为主神经元，混沌神经元作为从神经元，两个 HR 神经元的初值相同：

$$[x_{01}(0), y_{01}(0), z_{01}(0)]^{\mathrm{T}} = [2, 0, 3.5]^{\mathrm{T}}$$

$$[x_{02}(0), y_{02}(0), z_{02}(0)]^{\mathrm{T}} = [2, 0, 3.5]^{\mathrm{T}}$$

在这种情形下，利用线性自抗扰控制技术实现混沌运动的 HR 生物神经元与周期运动的 HR 神经元同步。

上述三种情形的动态响应曲线如图 4-8 所示，为了更加清晰地展现线性自抗扰控制技术的同步效果，我们在 200ms 时加入线性自抗扰控制器。

仿真结果表明，情形 1 中，两个初始值不同的 HR 神经元，在线性自抗扰控制作用下能够达到很好的同步效果；情形 2 中，利用线性自抗扰控制技术，周期运动的 HR 生物神经元能够跟踪混沌放电的 HR 生物神经元；情形 3 中，线性自抗扰控制技术能够获得混沌 HR 生物神经元动态与周期 HR 生物神经元动态的同步。

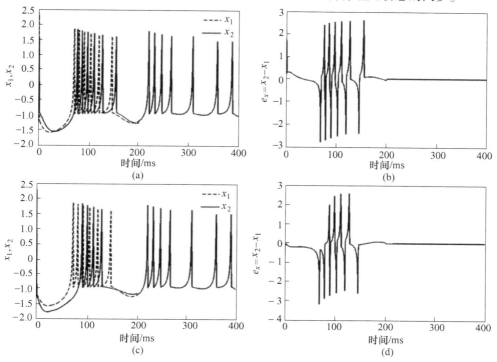

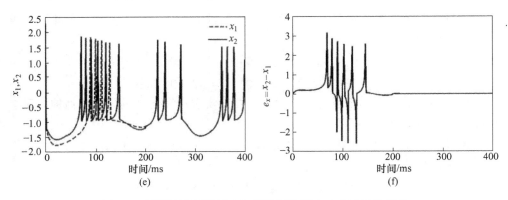

图 4-8　不同情形下线性自抗扰控制的同步响应及同步偏差

（a）情形 1 下线性自抗扰同步响应；（b）情形 1 下线性自抗扰同步偏差；（c）情形 2 下线性自抗扰同步响应；
（d）情形 2 下线性自抗扰同步偏差；（e）情形 3 下线性自抗扰同步响应；（f）情形 3 下线性自抗扰同步偏差

　　为验证自抗扰控制器的抗扰能力，我们加入干扰信号并观察其同步效果。同步结构如图 4-9 所示，图中 d 为干扰信号。

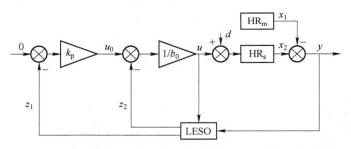

图 4-9　干扰存在时 HR 生物神经元的线性自抗扰同步结构

　　仿真中 100ms 时加入线性自抗扰控制器，200ms 时加入干扰，干扰信号选取典型的单位阶跃和正弦 $[\sin(t)]$ 信号，分别如图 4-10 和图 4-11 所示。加入阶跃干扰后，HR 生物神经元的同步效果如图 4-12 和图 4-13 所示，仍在前述的三种情形下仿真。

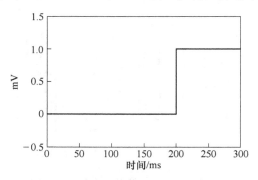

图 4-10　阶跃干扰信号（200ms 加入）

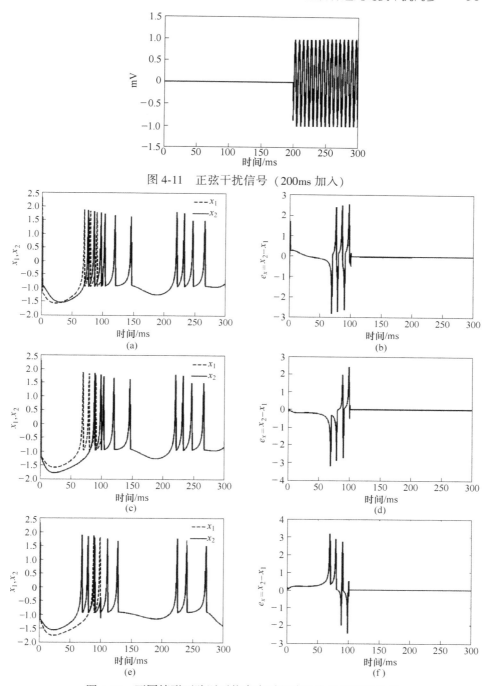

图 4-11　正弦干扰信号（200ms 加入）

图 4-12　不同情形下阶跃干扰存在时的线性自抗扰同步效果

（a）情形 1 的线性自抗扰同步响应；（b）情形 1 的线性自抗扰同步偏差；（c）情形 2 的线性自抗扰同步响应；
（d）情形 2 的线性自抗扰同步偏差；（e）情形 3 的线性自抗扰同步响应；（f）情形 3 的线性自抗扰同步偏差

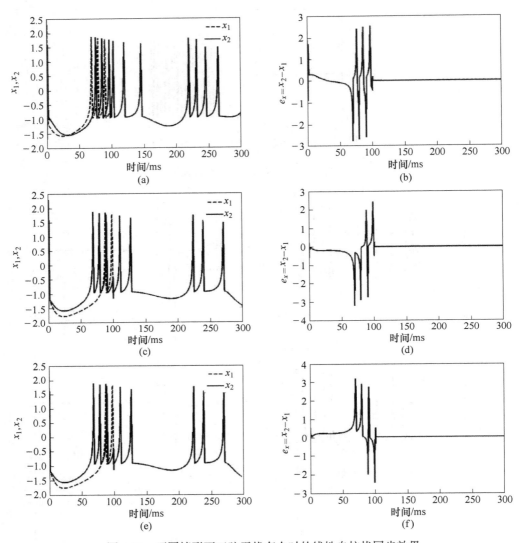

图 4-13   不同情形下正弦干扰存在时的线性自抗扰同步效果

（a）情形 1 的线性自抗扰同步响应；（b）情形 1 的线性自抗扰同步偏差；
（c）情形 2 的线性自抗扰同步响应；（d）情形 2 的线性自抗扰同步偏差；
（e）情形 3 的线性自抗扰同步响应；（f）情形 3 的线性自抗扰同步偏差

为验证线性自抗扰控制技术的抗扰性能，在前述三种情形下加入了单位阶跃及正弦两类干扰信号。仿真结果表明，干扰信号存在时，线性自抗扰控制技术仍然能够实现两个 HR 生物神经元的同步，证实了线性自抗扰控制技术具有良好的抗扰能力。

本小节以 HR 生物神经元为研究对象。首先，在三种情形下，利用线性自抗扰控制技术获得 HR 生物神经元的同步；其次，为验证线性自抗扰控制技术的抗扰性能，加入单位阶跃干扰和正弦干扰。由仿真结果可见，线性自抗扰控制技术均能够获得良好的生物神经元同步结果，证实了线性自抗扰控制技术具有良好的抗干扰性能，为生物神经元系统同步提供了另一种简单有效的思路。

4.2　HR 生物神经网络的线性自抗扰同步

互联网、有（无）线通信网、电力网、生态网络、城市交通网、政治、经济、社会关系网等诸多复杂网络在现实生活中普遍存在，已经成为人们日常生活中不可或缺的部分。在这些网络中，不同个体可视为网络中的一个节点，个体间的关系可视为连接节点的边。网络节点通过连接它们的边相互作用，共同实现网络功能。同步，自然界普遍存在且非常重要的非线性现象在复杂网络中同样存在。网络同步在保密通信、核磁共振、激光设备、超导材料等领域起着极为重要的作用。在过去的十几年里，数学、物理、生物、工程以及社会科学等各领域学者对复杂网络及其同步研究都产生了浓厚的兴趣。研究人员从不同角度深入研究了复杂网络的完全同步、相同步、广义同步等。动力网络主稳定函数法、Lyapunov 直接法、负反馈法、主-被动分解法、耗散耦合法等成为复杂网络同步稳定性的主要研究方法。

然而，与简单系统的同步相比，复杂网络同步因网络拓扑结构以及网络节点自身的双重复杂性变得更为复杂。陆君安等给出了网络同步、同步态、同步轨的更为准确的概念。牵制控制因其仅对网络中的少数节点施加控制即可获得整个网络的同步，极大地减少了同步算法的计算量，提高了控制效率。利用自适应牵制控制获得复杂网络的同步已有众多结果。Yu 等人基于牵制控制策略，设计分散自适应控制律调节网络耦合强度，获得复杂网络的同步；Su 等人设计自适应牵制控制调整耦合强度以及反馈增益，实现无向网络的聚类同步；Wang 等人针对具有输出耦合与延迟的复杂网络，设计自适应输出同步控制律，实时调节节点间的耦合强度获得网络同步；Zhu、Xiao 和 Nian 等人同样基于牵制控制策略，设计自适应律获得网络同步。

显然，牵制控制已有的研究结果中大多依据自适应律动态调节网络节点间的耦合强度以获得网络同步。然而，实际网络的耦合强度不一定可调，当网络耦合强度固定时，如何设计控制律实现网络同步值得研究。同时，陈关荣在分析复杂动态网络环境下，控制理论所遇到的问题与挑战时指出：复杂网络同步中，耦合强度较小时，如何设计有效的牵制控制尚未解决。此外，现有的同步控制算法通常存在较为复杂、难以工程实现、抗干扰性能不佳等不足，这些都极大地影响了网络同步的性能。

本节考虑一类节点为 Hindmarsh-Rose（HR）生物神经元的复杂网络的同步问题。网络节点间的耦合强度取较小（小于 1）的数值，基于牵制控制策略实现网络同步。同时，利用线性自抗扰控制（linear active disturbance rejection control，LADRC）结构简单、易于实现且对外部干扰具有较强抑制能力的优良特性，设计 LADRC 为牵制控制节点的控制器，研究一类特殊的复杂网络的同步。

4.2.1　问题描述

4.2.1.1　以 Hindmarsh-Rose 生物神经元为节点的生物神经网络模型

本节考虑以 Hindmarsh-Rose 生物神经元为节点的复杂网络的同步问题。Hindmarsh-Rose 生物神经元模型为：

$$\begin{cases} \dot{x} = y + ax^2 - x^3 - z + I \\ \dot{y} = c - dx^2 - y \\ \dot{z} = \mu[b(x - x_0) - z] \end{cases} \tag{4-19}$$

式中，$x(t)$ 为神经元膜电位；$y(t)$ 为与快速离子电流相关的恢复变量；$z(t)$ 为与慢速离子电流相关的自适应变量；I 为外部激励电流。HR 生物神经元参数见表 4-1。

表 4-1　HR 生物神经元参数

参　数	取　值	参　数	取　值
a	2.8	d	-4.4
b	9	μ	10^{-3}
c	0	x_0	0.56

以式（4-19）所示 HR 生物神经元为节点，通过状态变量 x 间的耦合形成复杂网络，节点间的耦合关系取为 S 函数（v 为常数，ρ_s 为膜电位的阈值）：

$$\gamma(x_j) = \frac{1}{1 + e^{-v(x_j - \rho_s)}} \tag{4-20}$$

于是，由 HR 生物神经元组成的复杂网络可表示为：

$$\begin{cases} \dot{x}_i = f_x(x_i, y_i, z_i) + g_s\sigma(x_i)\sum_{j=1}^{N} a_{ij}\gamma(x_j) \\ \dot{y}_i = f_y(x_i, y_i, z_i) \quad (1 \leq i \leq N) \\ \dot{z}_i = f_z(x_i, y_i, z_i) \quad (1 \leq i \leq N) \end{cases} \tag{4-21}$$

$$a_{ij} = \begin{cases} 0 & (i = j) \\ 1 & (i \neq j) \end{cases}$$

$$\sigma(x_i) = V_s - x_i$$

$$f_x(x_i, y_i, z_i) = y_i + ax_i^2 - x_i^3 - z_i$$

$$f_y(x_i, y_i, z_i) = c - dx_i^2 - y_i$$

$$f_z(x_i, y_i, z_i) = \mu[b(x_i - x_0) - z_i]$$

式中，V_s 为逆转电位；g_s 为耦合强度；a_{ij} 为邻接矩阵 $\boldsymbol{A}$ 的元素。

将式（4-21）所示的复杂网络表示为如下紧凑形式：

$$\dot{\boldsymbol{\theta}}_i = \boldsymbol{f}(\boldsymbol{\theta}_i) + \sigma(x_i) \sum_{j=1}^{N} g_{ij}\boldsymbol{\Gamma}(\boldsymbol{\theta}_j) \tag{4-22}$$

式中，$\boldsymbol{\theta}_i = (x_i, y_i, z_i)^{\mathrm{T}}$，$\boldsymbol{f} = (f_x, f_y, f_z)^{\mathrm{T}}$，$\boldsymbol{\Gamma}(\boldsymbol{\theta}_j) = (\boldsymbol{\gamma}(x_j), 0, 0)^{\mathrm{T}}$，$g_{ij} = g_s a_{ij}$。

4.2.1.2 HR 生物神经网络同步目标

以 HR 生物神经元为节点的复杂网络（4-22）的同步可定义为网络中所有节点的状态变量满足：

$$\boldsymbol{\theta}_1(t) = \boldsymbol{\theta}_2(t) = \cdots = \boldsymbol{\theta}_N(t) = \boldsymbol{s}(t) \tag{4-23}$$

式中，$\boldsymbol{s}(t)$ 为独立系统：

$$\dot{\boldsymbol{s}} = f(\boldsymbol{s}, t), \quad \boldsymbol{s}(t_0) = \boldsymbol{s}_0 \tag{4-24}$$

的一个解，它可为系统的平衡点、周期（拟周期）轨道或者混沌吸引子。

本节取 $\boldsymbol{s}(t)$ 为 HR 生物神经元的平衡点，即以 HR 生物神经元的平衡点为复杂网络的同步目标，基于牵制控制策略，设计线性自抗扰控制算法，使网络中的各节点到达平衡态。

4.2.1.3 受控的 HR 生物神经网络

本节采用牵制控制策略，仅控制网络中的部分节点以获得整个网络的同步，受控的网络模型为：

$$\begin{cases} \dot{x}_i = f_x(x_i, y_i, z_i) + g_s\sigma(x_i) \sum_{j=1}^{N} a_{ij}\boldsymbol{\gamma}(x_j) + u_p & (1 < p < l < N) \\ \dot{y}_i = f_y(x_i, y_i, z_i) & (1 \leqslant i \leqslant N) \\ \dot{z}_i = f_z(x_i, y_i, z_i) & (1 \leqslant i \leqslant N) \end{cases}$$

$$\tag{4-25}$$

写为紧凑形式：

$$\dot{\boldsymbol{\theta}}_i = \boldsymbol{f}(\boldsymbol{\theta}_i) + \sigma(x_i) \sum_{j=1}^{N} g_{ij}\boldsymbol{\Gamma}(\boldsymbol{\theta}_j) + \boldsymbol{u} \tag{4-26}$$

式中，$\boldsymbol{u} = (u_p, 0, 0)^{\mathrm{T}}$；$u_p(0 < p < l < N)$ 为牵制控制输入，在牵制控制 u_p 的作用下使复杂网络达到同步，其中 l 为受控节点数与网络节点数间的一个数。

4.2.2 线性自抗扰同步控制设计

牵制控制的核心是控制尽可能少的节点以获得整个网络的同步；同时，在受控节点上使用什么控制算法仍是一个非常重要的问题。考虑到网络自身的复杂性、干扰对网络同步的影响以及控制算法的实现，本节在牵制控制策略的基础上对每个受控节点设计线性自抗扰控制算法，以期获得整个网络的同步。

扩张状态观测器为二阶时，线性自抗扰控制算法为：

$$\begin{cases} u = \dfrac{u_0 - z_2}{b_0} \\ u_0 = k_{\mathrm{p}}(r - z_1) \\ \dot{z}_1 = z_2 + \beta_1(y - z_1) + b_0 u \\ \dot{z}_2 = \beta_2(y - z_1) \end{cases} \tag{4-27}$$

式中，r 为期望的输出；k_{p}、b_0 为控制增益；β_1、β_2 为扩张状态观测器参数。

依据 4.2.1.2 节所述网络同步目标可得，以 HR 生物神经元为节点的复杂网络同步控制结构如图 4-14 所示。

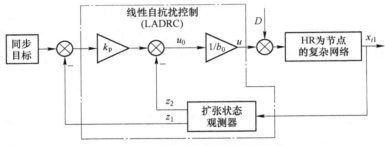

图 4-14　线性自抗扰同步控制结构

图 4-14 中，D 为系统的外部干扰，被控复杂网络节点的输出 y 为 x_{i1}。当系统干扰不存在时，线性自抗扰控制的扰动估计部分不作用；当干扰存在时，线性自抗扰控制的扰动估计部分实时估计并补偿扰动对同步性能的影响，以确保良好的同步效果。

4.2.3 仿真研究

根据前述同步目标及同步控制设计方法，利用 Matlab/Simulink 软件对以 HR 生物神经元为节点的复杂网络同步进行仿真研究。仿真中，取网络节点个数为 4，固定神经元节点间的耦合强度，以 1 个神经元为牵制控制节点，仅控制该节点获得整个网络的同步。为考察线性自抗扰控制抵抗扰动、保证网络同步性能的能力，仿真中考虑干扰不存在和干扰存在两种情况，分别观察复杂网络的同步效果。仿真参数取值见表 4-2。

表 4-2 复杂网络同步参数 （$i=1$，2，3，4）

参　数	取　值	参　数	取　值
V_s	2	d_1	-4.4
v	10	d_2	-4.8
ρ_s	-0.25	d_3	-5.3
g_s	0.44	d_4	-5.8
I_i	2.6	k_p	0.4
$x_i(0)$	6/8/4/1	β_1	8
$y_i(0)$	6/8/4/1	β_2	16
$z_i(0)$	6/8/4/1	b_0	0.04

仿真时间为 5000ms，同步目标为 HR 生物神经元的平衡点 $\boldsymbol{\theta}_r = (0，0，5)^{\mathrm{T}}$。做两组实验：第 1 组在没有任何干扰的情况下进行；第 2 组加入正弦干扰，验证线性自抗扰同步对扰动的抑制能力。

实验 1 没有干扰时复杂网络的线性自抗扰同步。

仿真中复杂网络参数及控制参数见表 4-2，同步效果如图 4-15 所示。

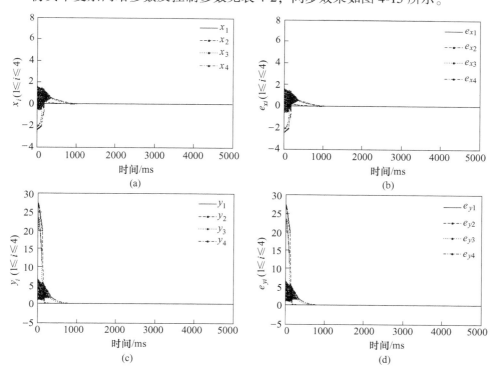

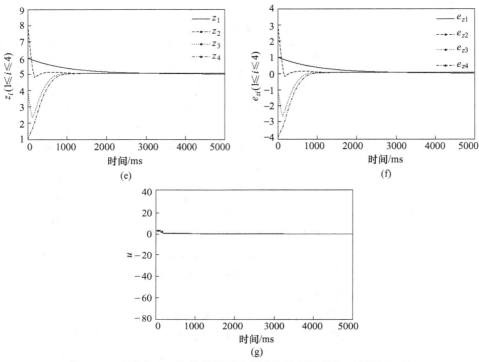

图 4-15　节点为 HR 生物神经元的复杂网络同步效果（无干扰时）

（a）各节点状态 x 的同步响应；（b）各节点状态 x 的同步偏差；（c）各节点状态 y 的同步响应；（d）各节点状态 y 的同步偏差；（e）各节点状态 z 的同步响应；（f）各节点状态 z 的同步偏差；（g）牵制控制输入

　　由图 4-15 可见，无干扰时，线性自抗扰控制可获得良好的网络同步效果。

　　实验 2　正弦干扰存在时复杂网络的线性自抗扰同步。

　　为检验线性自抗扰控制对干扰的抑制能力，在仿真中加入正弦干扰 $D(t) = \sin t$（如图 4-16 所示），网络同步结构如图 4-14 所示。仿真中，复杂网络参数及控制参数仍为表 4-2 中所示数值，同步效果如图 4-17 所示。

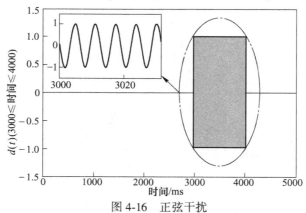

图 4-16　正弦干扰

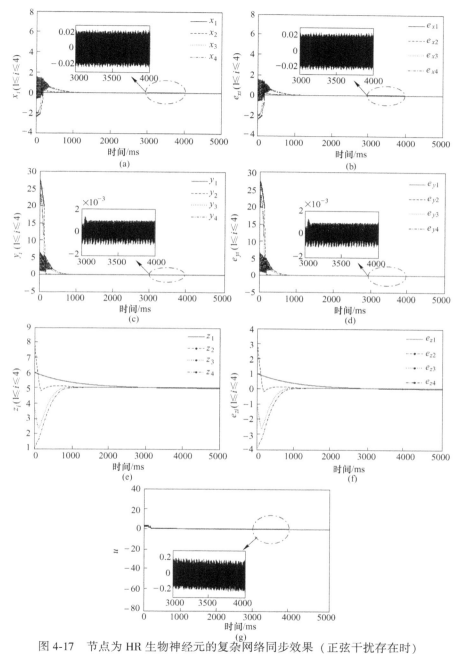

图 4-17 节点为 HR 生物神经元的复杂网络同步效果（正弦干扰存在时）

（a）正弦干扰存在时各节点状态 x 的同步响应；（b）正弦干扰存在时各节点状态 x 的同步偏差；

（c）正弦干扰存在时各节点状态 y 的同步响应；（d）正弦干扰存在时各节点状态 y 的同步偏差；

（e）正弦干扰存在时各节点状态 z 的同步响应；（f）正弦干扰存在时各节点状态 z 的同步偏差；

（g）正弦干扰存在时的牵制控制输入

由图 4-17 可见，即使存在干扰，线性自抗扰控制仍能实时地估计并抑制扰动，保证良好的网络同步效果。

4.2.4 小结

基于牵制控制策略，本节考虑了一类以 HR 生物神经元为节点的复杂网络的同步问题。固定网络节点间的耦合强度为较小的数值，利用抗干扰性能优异的线性自抗扰控制获得了一类特殊的复杂网络的同步。需要指出的是，采用牵制控制策略获得复杂网络的同步，受控节点和未受控节点到达同步状态的速度不同。网络节点间的耦合强度直接影响到未受控网络节点到达同步状态的速度。本节研究了耦合强度较小、不可变且外部干扰存在时的网络有效同步问题，为获得复杂网络同步提供了一种更为实际的参考方案。

4.3 HR 生物神经网络的主动补偿抗扰同步

生物神经元是生命信息处理的基本单元，它接收外部刺激，产生、处理生物电信号；生物神经元之间则通过突触相互连接以完成生物电信号的传导、整合、协调，进而完成生命体的认知、运动等诸多重要功能。人们发现生物神经元之间的耦合对生物神经网络特性具有重要影响，生物神经元之间耦合导致的生物神经元之间的同步（生物神经元之间的放电模态的趋同现象），在生物神经网络中同样存在，并且生物神经网络节点间运动的同步及其同步的程度是实现生物神经网络功能的关键因素。近年来，生物神经网络的同步控制已逐渐成为人们研究的热点。

20 世纪 50 年代初提出的第一个定量描述生物神经元膜电位动力学特性的 Hodgkin-Huxley（HH）模型以及随后提出的诸多神经元模型，如 Hindmarsh-Rose（HR）、FitzHugh-Naguno（FHN）、Ghostburster 模型等，为定量分析生物神经网络的动力学特性及其控制同步奠定了理论基础。在这些定量描述生物神经元膜电位特性的数学模型的基础上，运用各种非线性系统理论，分析生物神经元自身的动力学特性、获得生物神经元之间的放电同步已有诸多研究结果：Xile Wei 等设计内模控制方法实现了两个 FHN 神经元的同步；自适应同步、指数同步用于获得两个 HR 神经元的同步；线性自抗扰控制方法也用于 HH 神经元的同步。

然而，生命信息处理、认知等诸多生命体功能的实现是由生物神经元组成的生物神经网络完成的，不仅是两个神经元同步的结果。因此，在两个神经元同步研究的基础上，从复杂网络的角度分析、研究生物神经网络中神经元之间的放电同步具有更为重要的现实意义。

考虑到生物神经网络自身的复杂性，本节利用生物神经网络的小世界特性，以 HR 生物神经元模型为节点，构造了小世界 HR 生物神经网络，建立了生物神经网络同步的数值仿真模型。本节的抗干扰同步控制算法结构简单、易于实现，能够实时估计和补偿各种扰动，有效消除扰动对同步的不利影响，使生物神经网络同步具有很强的鲁棒性。本节通过数值实验验证了基于主动补偿的抗扰控制在生物神经网络同步研究中的有效性。

4.3.1 问题描述

4.3.1.1 HR 生物神经元网络

HR 生物神经元是定量描述生物神经元放电特性的一类生物神经元动力学模型，本节基于此模型，采用 Watts 和 Strogatz 提出的小世界网络构造方式，得到小世界 HR 生物神经网络模型：

$$\begin{cases} \dot{x}_i(t) = y_i - ax_i^3 + bx_i^2 - z_i + I_i + \dfrac{\varepsilon}{K}\sum_{j=1}^{N}(x_j - x_i) \\ \dot{y}_i(t) = c - dx_i^2 - y_i \\ \dot{z}_i(t) = r[s(x_i - x_0) - z_i] \end{cases} \tag{4-28}$$

式中，x_i 为细胞膜电位；y_i 为与膜内电流相关的恢复变量；z_i 为与离子相关的电流；a、b、c、d、r、s、x_0 均为常数；I_i 为各节点神经元的外部激励电流；ε 为耦合强度；K 为实际连接的神经元数；N 为生物神经网络的节点数。

4.3.1.2 HR 生物神经元网络同步控制目标

令节点状态变量为 $\boldsymbol{\theta}_i = (x_i, y_i, z_i)^T$，HR 生物神经网络（4-28）的同步可定义为网络中所有节点的状态变量满足式（4-23）。本节以独立的 HR 神经元的混沌特性为生物神经网络的同步目标，设计基于主动补偿的抗扰控制算法，使网络中的各节点动力学特性到达期望的混沌状态。

4.3.1.3 受控的 HR 生物神经网络

$$\begin{cases} \dot{x}_i(t) = y_i - ax_i^3 + bx_i^2 - z_i + I_i + \dfrac{\varepsilon}{K}\sum_{j=1}^{N}(x_j - x_i) + u_p \\ \dot{y}_i(t) = c - dx_i^2 - y_i \\ \dot{z}_i(t) = r[s(x_i - x_0) - z_i] \end{cases} \tag{4-29}$$

式中，$u_p(0 < p < N)$ 为牵制控制输入，在牵制控制 u_p 的作用下使生物神经网络达到同步。

4.3.2 主动补偿抗扰同步控制设计

牵制控制的基本思想是在保证网络稳定的基础上，对网络中的部分节点施加控制作用，并且利用尽可能少的控制器有效地控制复杂网络的动态特性。为使用尽可能少的控制作用获得网络同步的效果，本节亦采用牵制控制策略，即仅控制网络中的部分节点（p 个，$0 < p < N$），同时利用节点间的耦合作用以获得整个网络的同步。

受控节点的控制算法采用抗扰控制，相对阶为 1 时，基于主动补偿的抗扰控制律为：

$$\begin{cases} u = - h_0(y - y_\mathrm{r}) - \hat{d} \\ \dot{\hat{d}} = \xi + k_0(y - y_\mathrm{r}) \\ \dot{\xi} = - k_0\xi - k_0^2(y - y_\mathrm{r}) - k_0 u \end{cases} \tag{4-30}$$

式中，$\hat{d}$ 为干扰观测器，用于实时估计系统的各种扰动；y 为系统输出；y_r 为系统给定信号；h_0 决定了响应速度，其取值保证 $s+h_0$ 的根在左半 s 平面内；ξ 为中间变量；k_0 为可调参数，决定系统的稳定性。

依据上节所述的网络同步目标，可得 HR 生物神经网络的同步控制结构，如图 4-18 所示。

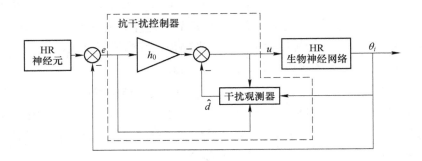

图 4-18　HR 生物神经网络同步控制结构

4.3.3　仿真研究

根据前述同步问题的定义、目标以及同步控制的设计方法，利用 Matlab/Simulink 软件获得 HR 生物神经网络同步控制的仿真研究结果。本节研究由 4 个 HR 生物神经元组成的生物神经网络，选取 1 个生物神经元节点作为牵制控制的被控节点，仿真中的相关参数选取见表 4-3。

仿真时间为 5000ms，仿真实验分为两组：第 1 组实验在没有任何干扰的情况下进行；第 2 组实验加入正弦干扰，验证抗干扰同步控制方法对扰动的抑制能力。

表 4-3 HR 生物神经网络同步仿真参数

变 量	参 数 值	变 量	参 数 值
ε	2.2	h_0	5
K	2	$x_0(0)$	1
N	4	$y_0(0)$	2
I_0	2.96	$z_0(0)$	5
I_1	2.9	$x_1(0)$	−3
I_2	2.9	$y_1(0)$	−5
I_3	2.9	$z_1(0)$	−3.5
I_4	2.9	$x_2(0)$	−1.5
a	1	$y_2(0)$	−2.5
b	3	$z_2(0)$	−1.75
c	1	$x_3(0)$	1.5
d	5	$y_3(0)$	2.5
s	4	$z_3(0)$	1.75
r	0.006	$x_4(0)$	3
x_0	−1.6	$y_4(0)$	5
k_0	5	$z_4(0)$	3.5

实验 1 没有干扰时的生物神经网络抗干扰同步。

仿真中 HR 生物神经网络以及抗干扰控制器参数见表 4-3，同步效果如图 4-19 所示。

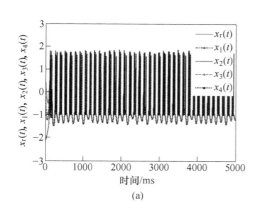

(a)

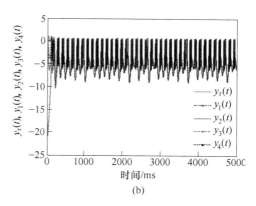

(b)

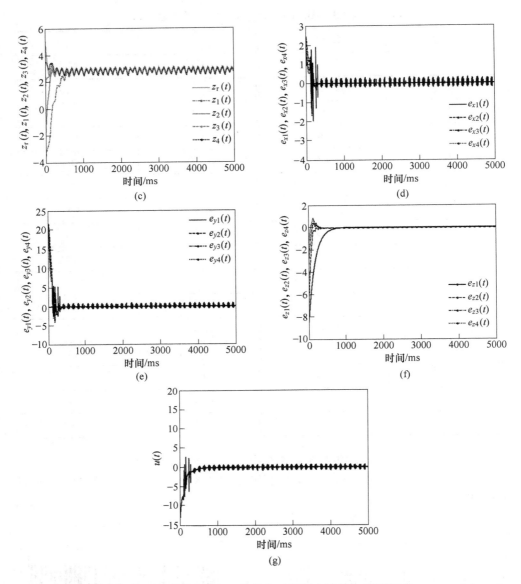

图 4-19 HR 生物神经网络的抗干扰同步效果（无干扰时）

（a）各节点状态 x 的同步响应；（b）各节点状态 y 的同步响应；（c）各节点状态 z 的同步响应；（d）各节点状态 x 的同步偏差；（e）各节点状态 y 的同步偏差；（f）各节点状态 z 的同步偏差；（g）牵制控制输入

    可见，在抗干扰控制作用下，通过牵制控制，仅控制 1 个 HR 神经元就能实现由 4 个 HR 神经元组成的生物神经网络的状态完全同步。

    实验 2 正弦干扰存在时的生物神经网络抗干扰同步。

    为检验抗干扰同步控制对干扰的抑制能力，在仿真中加入正弦干扰 $d(t) =$

$5\sin(2t + 2) + 2$，如图 4-20 所示，保持控制参数不变，网络同步效果，如图4-21 所示。

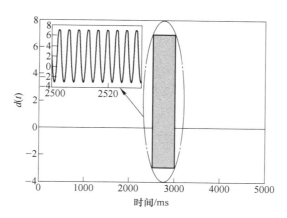

图 4-20　正弦干扰

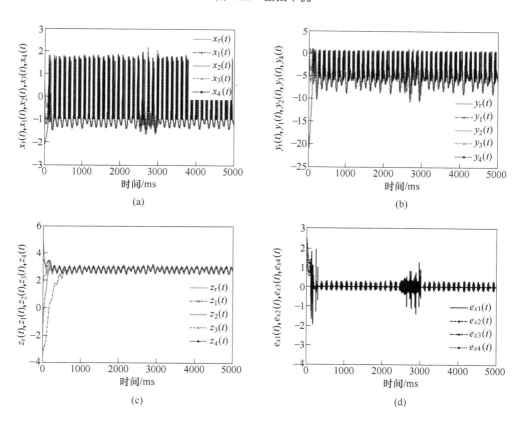

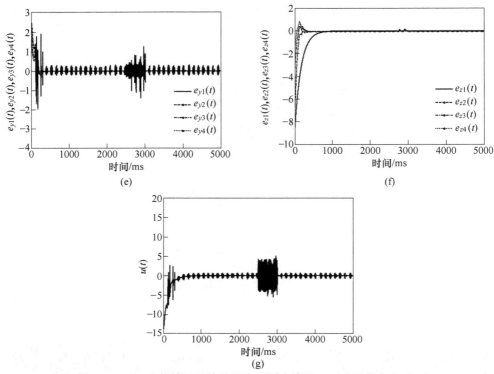

图 4-21 HR 生物神经网络的抗干扰同步效果（正弦干扰存在时）

（a）正弦干扰存在时各节点状态 x 的同步响应；（b）正弦干扰存在时各节点状态 y 的同步响应；（c）正弦干扰存在时各节点状态 z 的同步响应；（d）正弦干扰存在时各节点状态 x 的同步偏差；（e）正弦干扰存在时各节点状态 y 的同步偏差；（f）正弦干扰存在时各节点状态 z 的同步偏差；（g）正弦干扰存在时牵制控制输入

由图 4-21 可见，即使存在正弦干扰，抗干扰控制的扰动观测器仍可实时估计和补偿扰动的不利影响，仍然能够获得良好的网络同步效果。

4.3.4 小结

本节以 HR 生物神经元为节点，按照小世界网络连接方式构造 HR 生物神经网络，并以此为基础设计基于主动补偿的抗扰同步控制算法，研究同步目标为混沌吸引子时的生物神经网络同步。仿真结果表明，不论干扰是否存在，抗干扰控制都能获得良好的生物神经网络同步效果。因此，抗干扰控制能够有效克服影响网络同步效果的关键因素——扰动，为生物神经网络的同步控制提供了一种简单有效的思路。

4.4 HR 生物神经网络的复合抗干扰同步

生物神经元是生物体信息处理的基本单元，起着至关重要的作用。生物神经元由突触相互连接，进而完成与其他神经元之间的通信。人们对生物神经元的动态特性以及它们之间的相互作用规律越来越重视。目前，人们已发现生物神经网络是生物神经系统功能正常实现或产生功能障碍的重要因素。生物神经元之间的相互作用对生物神经网络动态具有重要影响。如哺乳动物的神经系统显示出诸多同步行为，神经元之间的同步是生物信息处理以及生物体产生规则运动的关键。生物神经网络同步已成为神经生物学研究的一个焦点。

在已建立的 HH、HR、FHN、Ghostburster 等生物神经元模型的基础上，将非线性系统理论用于分析生物神经系统的动力学特性；同时，各种同步方法相继提出以实现生物神经元的同步。如内模控制同步、自适应同步、指数快速同步等用于实现 FHN 神经元同步以及 HR 神经元同步。大多数同步控制算法关注于实现两个神经元之间同步，因此，研究生物神经网络的同步具有更为普遍的意义。

本节研究生物神经网络的复合抗扰同步。考虑一类以 HR 生物神经元为节点的生物神经网络，运用牵制控制策略实现网络同步。因生物神经网络同步效果易受干扰和各种不确定性因素的影响，故具有较强鲁棒性的同步控制算法对于生物神经网络同步具有极大的实际意义。

本节采用滑模控制和线性自抗扰控制的复合抗干扰控制方法获得 HR 生物神经网络的同步。滑模控制和扩张状态观测器可以实时抑制和抵消各种不确定和干扰因素，以保证生物神经网络的同步效果。

4.4.1　HR 生物神经网络模型

HR 生物神经网络可描述为：

$$\begin{cases} \dot{x}_i(t) = a_i x_i^2 - x_i^3 - y_i - z_i + \sum_{j=1}^{N} \lambda_{ij} g_{ij} \sigma_{vs}(x_i) \gamma_{v,\theta_s}(x_j) \\ \dot{y}_i(t) = (a_i + \alpha_i) x_i^2 - y_i \\ \dot{z}_i(t) = \mu_i (b_i x_i + c_i - z_i) \end{cases} \tag{4-31}$$

式中，$\lambda_{ij} > 0$，$g_{ij} \geqslant 0$。$g_{ij} = 0$ 表示生物神经元 i 与 j 没有连接；$g_{ij} = 1$ 表示生物神经元 i 与 j 有连接。定义 $h_{ij} = \lambda_{ij} g_{ij}$。函数 $\sigma_{vs}(x_i)$ 和 $\gamma_{v,\theta_s}(x_j)$ 为：

$$\sigma_{vs}(x_i) = -(x_i - V_s) \tag{4-32}$$

$$\gamma_{v,\theta_s}(x_j) = \frac{1}{1 + e^{-v(x_j - \theta_s)}} \tag{4-33}$$

于是，受控的 HR 生物神经网络为：

$$\begin{cases} \dot{x}_i(t) = a_i x_i^2 - x_i^3 - y_i - z_i + \sum_{j=1}^{N} h_{ij} \sigma_{vs}(x_i) \gamma_{v,\theta_s}(x_j) + u_k \\ \dot{y}_i(t) = (a_i + \alpha_i) x_i^2 - y_i \\ \dot{z}_i(t) = \mu_i(b_i x_i + c_i - z_i) \end{cases} \tag{4-34}$$

式中，u_k 为牵制控制输入，$k = 1, 2, \cdots, l, l < N$。

牵制控制输入可以实现 HR 生物神经网络的同步，也就是说仅控制网络中的某几个节点就可以达到实现生物神经网络同步的目标。为使同步效果更为鲁棒，与线性自抗扰控制常用 PD 控制方法不同，本节使用滑模控制及扩张状态观测器的复合抗干扰控制算法。

4.4.2 滑模及线性自抗扰复合抗干扰同步设计

滑模控制是一种先进的控制方法，在过去几十年内得到了很大的发展。线性自抗扰控制是控制工程中的一种实用控制方法。为获得更为鲁棒的同步效果，设计滑模与自抗扰控制复合抗干扰同步方法，其控制结构如图 4-22 所示。

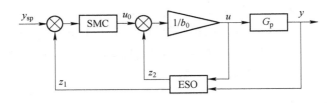

图 4-22 滑模与自抗扰的复合抗干扰同步结构

图 4-22 中 G_p 为受控对象，SMC 为基于比例切换函数的滑模控制律，u_0 设计为：

$$u_0 = \sum_{i=1}^{n} k_i |x_i| \operatorname{sgn}(s(x)) \tag{4-35}$$

其中

$$\operatorname{sgn}(x) = \begin{cases} 1 & (x > 0) \\ 0 & (x = 0) \\ -1 & (x < 0) \end{cases} \tag{4-36}$$

图 4-22 中选用二阶扩张状态观测器：

$$\begin{cases} \dot{z}_1 = z_2 + \beta_1(y - z_1) + b_0 u \\ \dot{z}_2 = \beta_2(y - z_1) \end{cases} \tag{4-37}$$

4.4.3 仿真研究

HR 生物神经网络的复合抗干扰同步控制结构如图 4-23 所示。

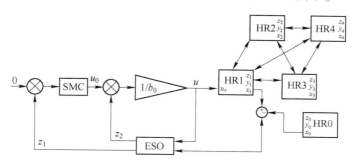

图 4-23 HR 生物神经网络的复合抗干扰同步控制结构

根据牵制控制策略，受控节点少于网络节点个数。取 HR1 为受控节点，HR0 为期望的网络动态，复合抗干扰同步控制方法施加于 HR1 节点上，其他 HR 神经元节点由节点间的耦合作用获得同步。

仿真中选取滑模控制律为

$$\begin{cases} u_0 = k\,|\,x_1\,|\,\mathrm{sgn}(\,\mathrm{s}(x_1)\,) \\ \mathrm{s}(x_1) = c_1 x_1 \end{cases} \tag{4-38}$$

仿真参数见表 4-4。

表 4-4 HR 生物神经网络的复合抗干扰同步控制仿真参数

参 数	取 值	参 数	取 值
α_i	1.6	$x_0(0)$	4
a_i	2.8	$y_0(0)$	2
b_i	9	$z_0(0)$	6
c_i	5	$x_1(0)$	6
μ_i	0.001	$y_1(0)$	6
v	10	$z_1(0)$	6
θ_s	-0.25	$x_2(0)$	8
V_s	2	$y_2(0)$	8
$h_{ij}(i \neq j)$	1	$z_2(0)$	8
$h_{ij}(i = j)$	0	$x_3(0)$	8
k	0.9	$y_3(0)$	4
c_1	0.7	$z_3(0)$	4
b_0	0.1	$x_4(0)$	1
β_1	8	$y_4(0)$	1
β_2	16	$z_4(0)$	1

同步结果如图 4-24 所示。

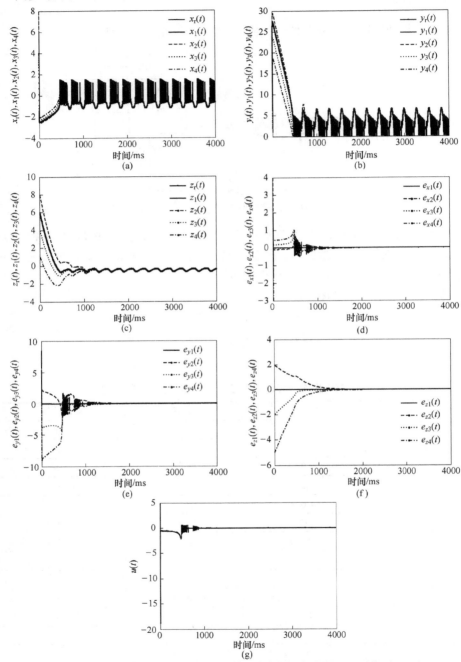

图 4-24　HR 生物神经网络的复合抗干扰同步效果（无干扰时）

（a）各节点状态 x 的同步响应；（b）各节点状态 y 的同步响应；（c）各节点状态 z 的同步响应；（d）各节点状态 x 的同步偏差；（e）各节点状态 y 的同步偏差；（f）各节点状态 z 的同步偏差；（g）牵制控制输入

由图 4-24 可见，滑模与自抗扰的复合抗干扰同步能有效实现 HR 生物神经网络同步。为验证系统的抗干扰特性，在仿真中自 2000ms 到 3000ms 加入正弦干扰信号，$d(t) = \sin t$，同步效果如图 4-25 所示。

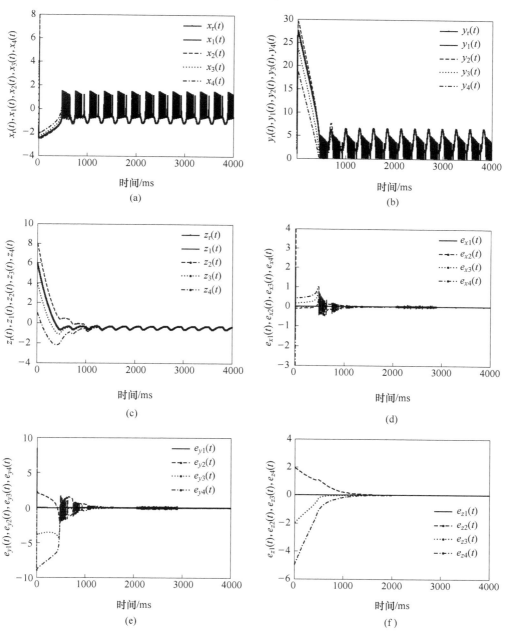

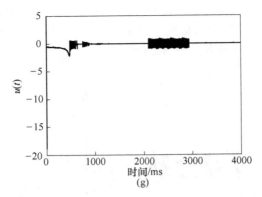

图 4-25　HR 生物神经网络的复合抗干扰同步效果（正弦干扰存在时）

（a）正弦干扰存在时各节点状态 x 的同步响应；（b）正弦干扰存在时各节点状态 y 的同步响应；（c）正弦干扰存在时各节点状态 z 的同步响应；（d）正弦干扰存在时各节点状态 x 的同步偏差；（e）正弦干扰存在时各节点状态 y 的同步偏差；（f）正弦干扰存在时各节点状态 z 的同步偏差；（g）正弦干扰存在时牵制控制输入

　　显然，即使正弦干扰存在，复合抗干扰同步方法仍然能够实现 HR 生物神经网络的同步，具有良好的鲁棒性。

4.4.4　小结

　　本节以 HR 生物神经元为节点，构造 HR 生物神经网络，以此为基础设计滑模与自抗扰的复合抗干扰同步控制算法，实现了 HR 生物神经网络的同步。因该算法无需网络的模型信息，根据同步偏差实时估计并补偿/抑制干扰和不确定因素，以获得网络同步，具有较强的鲁棒性，故对其他生物神经网络的同步研究具有参考意义。

4.5　本章小结

　　本章研究了 HR 生物神经元的抗干扰同步控制设计，包括基于主动补偿的抗扰控制同步以及线性自抗扰同步；此外，在两个神经元同步的基础上研究了 HR 生物神经网络的线性自抗扰同步、主动补偿抗扰同步以及复合抗干扰同步。研究表明，抗扰控制方法均能获得较好的生物神经系统同步效果，为生物神经系统同步控制的实现奠定了坚实的基础。

参 考 文 献

［1］Terry J R, Thornburg K S, DeShazer D J, et al. Synchronization of chaos in an array of three lasers［J］. Phys Rev E, 1999, 59（4）：4036-4043.

［2］ Yang X S, Cao J D. Finite-time stochastic synchronization of complex networks ［J］. Appl Math Model, 2010, 34 （11）: 3631-3641.

［3］ Chen G R, Dong X N. From chaos to order: Methodologies perspectives and applications ［M］. Singapore: World Scientific, 1998.

［4］ Meister M, Wong R O, Baylor D A, et al. Synchronous bursts of action potentials in ganglion cells of the developing mammalian retina ［J］. Science, 1991, 252: 939-943.

［5］ Kreiter A K, Singer W. Stimulus-dependent synchronization of neuronal responses in the visual cortex of the awake macaque monkey ［J］. J Neurosci, 1996, 16 （7）: 2381-2396.

［6］ Che Y Q, Wang J, Tsang K M, et al. Unidirectional synchronization for Hindmarsh-Rose neurons via robust adaptive sliding mode control ［J］. Nonlinear Analysis: Real World Applications, 2010, 11 （2）: 1096-1104.

［7］ Shuai J W, Durand D M. Phase synchronization in two coupled chaotic neurons ［J］. Phys Lett A, 1999, 264 （4）: 289-297.

［8］ Hodgkin A L, Huxley A F. A quantitative description of membrane and its application to conduction and excitation in nerve ［J］. J Physiol, 1952, 117 （4）: 500-544.

［9］ FitzhHugh R. Trashholds and plateaus in the Hodgkin-Huxley nerve equations ［J］. J Gen. Physiol, 1960, 43: 867-896.

［10］ Hindmarsh J L, Rose R M. A model of neuronal busting using three coupled first order differential equations ［M］. Proc R Soc London, Ser B, 1222, 1984, 221 （1222）: 87-102.

［11］ Chay T R. Chaos in a three-variable model of an excitable cell ［J］. Physica D, 1985, 16 （2）: 233-242.

［12］ Morris C, Lecar H. Voltage oscillations in the barnacle giant muscle fiber ［J］. Biophys J, 1981, 35 （1）: 193-213.

［13］ Shilnikov A, Calabrese R L, Cymbalyuk G. Mechanism of bistability: Tonic spiking and bursting in a neuron model ［J］. Phys Rev E, 2005, 71 （5）: 056214-9.

［14］ Doiron B, Laing C, Longtin A. Ghostbursting: A novel neuronal burst mechanism ［J］. J Comput Neurosci, 2002, 12 （1）: 5-25.

［15］ Elson R C, Selverston A I, Huerta R, et al. Synchronous behavior of two coupled biological neurons ［J］. Phys Rev Lett, 1998, 81 （4）: 5692-5695.

［16］ Casado J M. Synchronization of two Hodgkin-Huxley neurons due to internal noise ［J］. Phys. Lett. A, 2003, 310 （5-6）: 400-406.

［17］ Ostojic S, Brunel N, Hakim V. Synchronization properties of networks of electrically coupled neurons in the presence of noise and heterogeneities ［J］. J Comput Neurosci, 2009, 26 （3）: 369-392.

［18］ Wang J, Che Y Q, Zhou S S, et al. Unidirectional synchronization of Hodgkin-Huxley neurons exposed to ELF electric field ［J］. Chaos, Solitons and Fractals, 2009, 39 （3）: 1335-1345.

［19］ Li H Y, Wong Y K, Chan W L, et al. Synchronization of Ghostburster neurons under external electrical stimulation via adaptive neural network H_∞ control ［J］. Neurocomputing, 2010, 74

(1-3)：230-238.

[20] Wang J, Chen L, Deng B. Synchronization of Ghostburster neuron in external electrical stimulation via variable universe fuzzy adaptive control [J]. Chaos, Solitons and Fractals, 2009, 39 (5)：2076-2085.

[21] Sun L, Wang J, Deng B. Global synchronization of two Ghostburster neurons via active control [J]. Chaos, Solitons and Fractals, 2009, 40 (3)：1213-1220.

[22] Rehan M, Hong K-S, Aqil M. Synchronization of multiple chaotic FitzHugh-Nagumo neurons with gap junctions under external electrical stimulation [J]. Neurocomputing, 2011, 74 (17)：3296-3304.

[23] Aqil M, Hong K-S, Jeong M Y. Synchronization of coupled chaotic FitzHugh-Nagumo systems [J]. Commun Nonlinear Sci Numer Simul, 2012, 17 (4)：1615-1627.

[24] Che Y Q, Wang J, Tsang K M, et al. Unidirectional synchronization for Hindmarsh-Rose neurons via robust adaptive sliding mode control [J]. Nonlinear Anal RWA, 2010, 11 (2)：1096-1104.

[25] Nguyen L H, Hong K S. Adaptive synchronization of two coupled chaotic Hindmarsh-Rose neurons by controlling the membrane potential of a slave neuron [J]. Applied Mathematical Modelling, 2013, 37 (4)：2460-2468.

[26] Hrg D. Synchronization of two Hindmarsh-Rose neurons with unidirectional coupling [J]. Neural Networks, 2013, 40：73-79.

[27] Isidori A. Nonlinear Control Systems [M]. Berlin：Springer Verlag, 1995.

[28] Tornambé A, Valigi P. A decentralized controller for the robust stabilization of a class of MIMO dynamical systems [J]. ASME Journal of Dynamic Systems, Measurement and Control, 1994, 116 (2)：293-304.

[29] 陈星. 自抗扰控制器参数整定方法及其在热工过程中的应用 [D]. 北京：清华大学, 2008.

[30] 吕金虎. 复杂网络的同步：理论、方法、应用与展望 [J]. 力学进展, 2008, 38 (6)：713-722.

[31] Zhou Jin, Lu Junan, Lü Jinhu. Pinning adaptive synchronization of a general complex dynamical network [J]. Automatica (S0005-1098), 2008, 44 (4)：996-1003.

[32] Lü Jinhu, Chen Guanrong. A time-varying complex dynamical network model and its controlled synchronization criteria [J]. IEEE Transactions on Automatic Control (S0018-9286), 2005, 50 (6)：841-846.

[33] 汪小帆, 李翔, 陈关荣. 复杂网络理论及其应用 [M]. 北京：清华大学出版社, 2006.

[34] 邬盈盈. 基于 V 稳定性理论的复杂网络稳定性分析与牵制控制方法研究 [D]. 浙江：浙江大学, 2010.

[35] 陈娟, 陆君安, 周进. 复杂网络同步态与孤立节点解的关系 [J]. 自动化学报, 2013, 39 (12)：2111-2120.

[36] Yu Wenwu, Pietro Delellis, Chen Guangrong, et al. Distributed adaptive control of synchroni-

zation in complex networks [J]. IEEE Transactions on Automatic Control (S0018-9286), 2012, 57 (8): 2153-2158.

[37] Su Housheng, Rong Zhihai, Wang Xiaofan, et al. Decentralized adaptive pinning control for cluster synchronization of complex dynamical networks [J]. IEEE Transactions on Cybernetics (S1083-4419), 2013, 43 (1): 394-399.

[38] Wang Jinliang, Wu Huaining. Adaptive output synchronization of complex delayed dynamical networks with output coupling [J]. Neurocomputing (S0925-2312), 2014, 142 (10): 174-181.

[39] Zhu Darui, Liu Chongxin, Yan Bingnan. Modeling and adaptive pinning synchronization control for a chaotic-motion motor in complex network [J]. Physics Letters A (S0375-9601), 2014, 378 (5): 514-518.

[40] Xiao Jingwen, Wang Zhiwei, Miao Wentuan, et al. Adaptive pinning control for the projective synchronization of drive-response dynamical networks [J]. Applied Mathematics and Computation (S0096-3003), 2012, 219 (5): 2780-2788.

[41] Nian Fuzong, Zhao Qianchuan. Pinning synchronization with low energy cost [J]. Communications in Nonlinear Science and Numerical Simulation (S1007-5704), 2014, 19 (4): 930-940.

[42] 陈关荣. 复杂动态网络环境下控制理论遇到的问题与挑战 [J]. 自动化学报, 2013, 39 (4): 312-321.

[43] 黄一, 薛文超, 赵春哲. 自抗扰控制纵横谈 [J]. 系统科学与数学, 2011, 31 (9): 1111-1129.

[44] 高志强. 自抗扰控制思想探究 [J]. 控制理论与应用, 2013, 30 (12): 1498-1510.

[45] Gao Zhiqiang. Engineering cybernetics: 60 years in the making [J]. Control Theory and Technology (S2095-6983), 2014, 12 (2): 97-109.

[46] Paolo Checco, Marco Righero, Mario Biey, et al. Synchronization in networks of Hindmarsh-Rose neurons [J]. IEEE Transactions on Circuits and Systems-II: Express Briefs (S1549-7747), 2008, 55 (12): 1274-1278.

[47] Purves D, Augustine G J, Fitzpatrick D, et al. Neuroscience [M]. 3rd ed. Sunderland, MA: Sinauer Associates, 2004.

[48] Gray C M. Synchronous oscillations in neuronal systems: Mechanisms and functions [J]. Journal of Computational Neuroscience, 1994, 1 (1): 11-38.

[49] Kreiter A K, Singer W. Stimulus-dependent synchronization of neuronal responses in the visual cortex of the awake macaque monkey [J]. Journal of Neuroscience, 1996, 16 (7): 2381-2396.

[50] Zhou J, Wu X Q, Yu W W, et al. Pinning synchronization of delayed neural networks [J]. Chaos, 2008, 18 (4): 043111.

[51] Wei Wei, Li Donghai, Wang Jing, et al. Adaptive synchronization of Ghostburster neurons under external electrical stimulation [J]. Neurocomputing, 2012, 98 (1): 40-54.

[52] Wei Xile, Wang Jiang, Deng Bin. Introducing internal model to robust output synchronization of FitzHugh-Nagumo neurons in external electrical stimulation [J]. Communications in Nonlinear Science and Numerical Simulation, 2009, 14 (7): 3108-3119.

[53] Le Hoa Nguyen, Keum-Shik Hong. Adaptive synchronization of two coupled chaotic Hindmarsh-Rose neuronsby controlling the membrane potential of a slave neuron [J]. Applied Mathematical Modelling, 2013, 37 (4): 2460-2468.

[54] Wang Lihe, Yang Genke, Yeung Lam Fat. Identification of Hindmarsh-Rose Neuron Networks Using GEO Metaheuristic [C]//International Conference on Swarm Intelligence, Lecture Notes in Computer Science, 2011: 455-463.

[55] Yang Huang. Sliding mode controller based on proportion switching [J]. Northeast Electric Power Technology, 2009, 30 (8): 29-40.

[56] Gao Zhiqiang. Scaling and Bandwidth-Parameterization Based Controller Tuning [C]//Proceedings of American Control Conference, 2003: 4989-4996.

5 FitzHugh-Nagumo 生物神经系统的抗干扰同步

生物神经系统的同步在生命系统中起着至关重要的作用。目前，关于生物神经网络同步的研究已经成为神经生物学研究的一个热点。本章讨论 FitzHugh-Nagumo 生物神经系统的抗扰控制同步设计。

5.1 引言

为定量研究生物神经系统的同步现象，Hodgkin-Huxley（HH）生物神经元模型、FitzHugh-Nagumo（FHN）生物神经元模型、Hindmarsh-Rose（HR）生物神经元模型、Ghostburster 生物神经元模型等众多模型相继提出。在这些模型的基础上，人们利用非线性系统理论、控制理论研究这些生物神经元的同步规律，提出了各种不同的控制同步方法。Wang Jiang 等人提出 H 无穷自适应模糊控制用于两个 FHN 生物神经元的同步；Ahmet 等人在 FHN 生物神经元模型的基础上，提出一种非线性控制算法，获得耦合 FHN 生物神经系统的同步；Wei Xile 等提出一种新的内模控制方法实现 FHN 生物神经元的鲁棒输出同步，在设计过程中，将同步问题转化为原始系统与内部模型组成的增广系统的稳定问题；R. Aguilar-López 等人设计滑模控制、Wu 等人设计脉冲同步控制分别实现了 HH 和 HR 生物神经元的同步。此外，Wang 等人提出 H 无穷模糊自适应控制算法，实现了 Ghostburster 生物神经元的同步。本章主要研究 FHN 生物神经元之间的同步。

实际上，FHN 生物神经元可以看成是 HH 生物神经元的简化模型，它描述了不同电场激励下生物神经元的动态。文献［10~12］讨论了 FHN 生物神经元的同步问题。然而，实际系统充满着不确定因素，对外部不确定因素具有较强鲁棒性且易于实现的同步控制算法在理论和实际中都极为重要。本章设计的基于主动补偿的抗扰同步控制方法，实现了不同外部电场激励下 FHN 生物神经系统的同步。同步控制算法中的扰动观测器可以用于实时估计各种不确定因素的影响，以保证闭环系统的鲁棒性。

本章共 5 小节，5.1 节是引言，5.2 节给出 FHN 生物神经元模型及其动态特性，5.3 节给出同步控制算法的设计过程，5.4 节是仿真研究，最后给出结论。

5.2   FHN 生物神经系统同步问题描述

5.2.1   FHN 生物神经元的动力学模型

FHN 生物神经元模型可由如下动力学方程描述:

$$\begin{cases} \dot{x} = x(x-1)(1-rx) - y + I_0(t) \\ \dot{y} = bx \end{cases} \tag{5-1}$$

式中, x、y 为状态变量, 它们分别为膜电位 V 和回复变量 W 对峰值电位器的比值, 即 $x = \dfrac{V}{V_p}$, $y = \dfrac{W}{V_p}$; 变量 r 定义为 $r = \dfrac{V_p}{V_T}$, V_T 代表膜电位阈值; $I_0(t)$ 为外部电场的激励值, 且 $I_0(t) = \dfrac{A}{\omega}\cos(\omega t)$, 其中 A 与 $\omega(\omega = 2\pi f)$ 是无量纲参数, 分别代表外部电场的强度和频率。

若 $r = 10$, $b = 1$, $A = 0.1$, $\omega = 2 \times 0.1271\pi$, 系统初值选为 $[x_0, y_0]^T = [0.05, 0.05]^T$, 那么 FHN 生物神经元的动态响应和相轨迹如图 5-1 所示。相似地, 当 $\omega = 2 \times 0.1021\pi$, 初值为 $[x_0, y_0]^T = [0, 0]^T$ 时, 状态变量 x 和 y 的时间响应及相轨迹如图 5-2 所示。

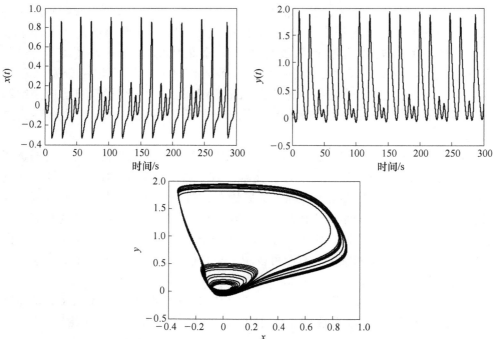

图 5-1   状态变量 x 与 y 的时间响应及相轨迹 (当 $f = 0.1271$ 时)

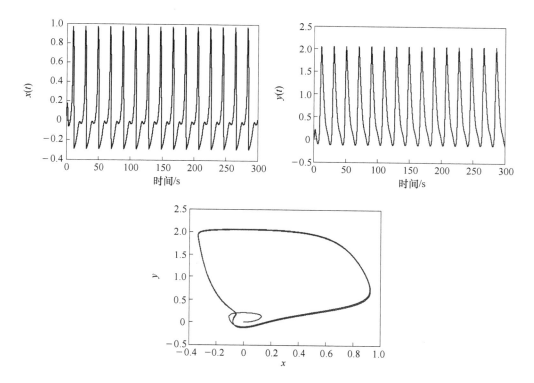

图 5-2 状态变量 x 与 y 的时间响应及相轨迹（当 $f=0.1021$ 时）

5.2.2 FHN 生物神经元的同步问题描述

本章主要研究主、从 FHN 生物神经元系统的状态完全同步。

主 FHN 神经元的状态方程为：

$$\begin{cases} \dot{x}_m = x_m(x_m - 1)(1 - rx_m) - y_m + I_m(t) \\ \dot{y}_m = bx_m \end{cases} \tag{5-2}$$

从 FHN 神经元的动态模型可描述为：

$$\begin{cases} \dot{x}_s = x_s(x_s - 1)(1 - rx_s) - y_s + I_s(t) + u \\ \dot{y}_s = bx_s \end{cases} \tag{5-3}$$

式（5-2）和式（5-3）中，x_m、x_s、y_m、y_s 分别代表主、从 FHN 生物神经元的状态；$I_m(t)$ 与 $I_s(t)$ 分别代表主、从生物神经元的外部激励电信号；u 为主、从神经元的同步控制信号，它由基于主动补偿的抗扰控制器给出。

定义同步偏差为 $\boldsymbol{e} = [e_x, e_y]^T$，其中 $e_x = x_s - x_m$，$e_y = y_s - y_m$。那么，同步

目标——使主、从生物神经元的状态完全同步，可描述为设计控制器（同步命令）使系统的同步偏差收敛到零，即 $\lim\limits_{t \to \infty} \| e \| = 0$。

5.3　基于动态补偿的抗扰控制同步设计

用主神经元的动态式（5-2）减去从神经元的动态式（5-3），可得同步偏差动态系统为：

$$
\begin{cases}
\dot{e}_x = (x_s + x_m + rx_s + rx_m - rx_s^2 - rx_s x_m - rx_m^2 - 1)e_x - e_y + \Delta I + u \\
\dot{e}_y = be_x
\end{cases}
\tag{5-4}
$$

因外部电场激励大致相等，即 $\Delta I \approx 0$，式（5-4）可写为：

$$
\begin{cases}
\dot{e}_x = (x_s + x_m + rx_s + rx_m - rx_s^2 - rx_s x_m - rx_m^2 - 1)e_x - e_y + u \\
\dot{e}_y = be_x
\end{cases}
\tag{5-5}
$$

式中，u 为基于主动补偿的抗扰控制输入，u 的设计为：

$$
\begin{cases}
u = - h_0 e_x - \hat{d} \\
\dot{\xi} = - k_0 \xi - k_0^2 e_x - k_0 u \\
\hat{d} = \xi + k_0 e_x
\end{cases}
\tag{5-6}
$$

根据 Tornambé 的技术引理，我们有如下推论：

推论　存在一个常数 $\mu^* > 0$，当 $k_0 > \mu^*$ 时，闭环系统（5-7）是渐近稳定的。

$$
\begin{cases}
\dot{e}_x = - h_0 e_x + \tilde{d} \\
\dot{\tilde{d}} = a(e_x) - k_0 \tilde{d} \\
\dot{e}_y = be_x
\end{cases}
\tag{5-7}
$$

证明　将基于主动补偿的抗扰控制式（5-6）代入同步偏差动态系统式（5-5）中，可得闭环偏差系统式（5-8）：

$$
\begin{cases}
\dot{e}_x = - h_0 e_x + d - \hat{d} \\
\dot{e}_y = be_x
\end{cases}
\tag{5-8}
$$

其中，$d = (x_s + x_m + rx_s + rx_m - rx_s^2 - rx_s x_m - rx_m^2 - 1)e_x - e_y$。

从式（5-8）可知 $e_y = f(e_x)$，那么 d 可写为 $d = G(e_x)$。令 $\tilde{d} = d - \hat{d}$，那么 $\hat{d}$ 和 d 的变化率可写为式（5-9）：

于是，闭环同步偏差系统可写为式（5-7）。

$$\begin{cases} \dot{\tilde{d}} = -k_0\xi - k_0^2 e_x - k_0 u + k_0(d+u) = k_0\tilde{d} \\ \dot{d} = [G(e_x)]' = a(e_x) \end{cases} \tag{5-9}$$

假定 V 为 e_x 的可微、正定函数：$V = \dfrac{1}{2}e_x^2$，定义紧集 $U_{V,M} = \{e_x: V(e_x) \leqslant M\}$，$M$ 为任意的正值常数。对于任意的 $h_0 > 0$ 与 $e_x \in U_{V,M}$，有：

（1）$V(0) = 0$，$\dfrac{\mathrm{d}V}{\mathrm{d}e_x}\bigg|_{e_x=0} = 0$。

（2）$\dfrac{\mathrm{d}V}{\mathrm{d}e_x}(-h_0 e_x) \leqslant -e_x^2$。

为稳定闭环同步偏差系统（5-7）定义 Lyapunov 函数

$$W = V + \frac{1}{2}\tilde{d}^2$$

对于固定的 M，$U_{W,M}$ 为紧集，满足：

$$U_{W,M} = \{(e_x, \tilde{d}): W = V + \frac{1}{2}\tilde{d}^2 \leqslant M\}$$

沿着闭环同步偏差系统（5-7）对 W 求导，有：

$$\dot{W} = \frac{\mathrm{d}V}{\mathrm{d}e_x}\dot{e}_x + \tilde{d}\dot{\tilde{d}} = \frac{\mathrm{d}V}{\mathrm{d}e_x}(-h_0 e_x + \tilde{d}) + \tilde{d}(a(e_x) - k_0\tilde{d})$$

显然，$U_{W,M}$ 在超平面 $\tilde{d} = 0$ 的投影与 $U_{V,M}$ 一致，因此，（1）与（2）在 $(e_x, \tilde{d}) \in U_{W,M}$ 上仍然成立，有如下技术引理：

（3）因 $\dfrac{\mathrm{d}V}{\mathrm{d}e_x}\big|_{e_x=0} = 0$，于是 $\left|\dfrac{\mathrm{d}V}{\mathrm{d}e_x}\right| \leqslant P_V|e_x|$。

（4）$|a(e_x)| \leqslant P_\alpha|e_x|$，$\forall e_x \in U_{W,M}|_{e_x}$。

其中，P_V 和 P_α 为与 M 相关的正值。因此，$\forall(e_x, \tilde{d}) \in U_{W,M}$，有：

$$\dot{W} = \frac{\mathrm{d}V}{\mathrm{d}e_x}(-h_0 e_x + \tilde{d}) + \tilde{d}(a(e_x) - k_0\tilde{d})$$

$$\leqslant -|e_x|^2 + (P_V + P_\alpha)|e_x||\tilde{d}| - k_0|\tilde{d}|^2$$

$$= -\begin{bmatrix} |e_x| & |\tilde{d}| \end{bmatrix}\begin{bmatrix} 1 & -\dfrac{P_V + P_\alpha}{2} \\ -\dfrac{P_V + P_\alpha}{2} & k_0 \end{bmatrix}\begin{bmatrix} |e_x| \\ |\tilde{d}| \end{bmatrix}$$

根据赛尔韦斯特准则，可得如下不等式：

$$k_0 > \frac{(P_V + P_\alpha)^2}{4}$$

令 $\mu^* = \dfrac{(P_V + P_\alpha)^2}{4}$，于是，当 $k_0 > \mu^*$ 时，$\dot{W}$ 在 $U_{W,M}$ 上是负定的，亦即闭环同步偏差系统（5-7）在 $U_{W,M}$ 上是渐近稳定的。

闭环同步偏差系统是渐近稳定的意味着主、从生物神经元系统达到同步。

5.4　仿真研究

本节给出基于主动补偿的抗扰控制同步的动态仿真结果。系统状态的初值选为 $[x_{m0}, y_{m0}]^T = [0.05, 0.05]^T$，$[x_{s0}, y_{s0}]^T = [0, 0]^T$。仿真中利用欧拉方法求解系统，仿真步长选为 0.001，控制作用在 180s 加入，仿真进行 500s。基于主动补偿的抗扰控制器参数选为 $h_0 = 5$，$k_0 = 10$，进行三组仿真实验。

第一组　主、从 FHN 生物神经元的外加电场激励频率为 $\omega_m = 2\pi \times 0.1271$，$\omega_s = 2\pi \times 0.1021$。仿真结果如图 5-3~图 5-5 所示。

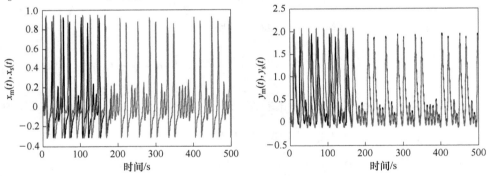

图 5-3　主、从 FHN 生物神经元的同步响应（第一组）

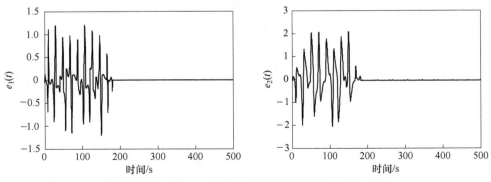

图 5-4　主、从 FHN 生物神经元的同步偏差（第一组）

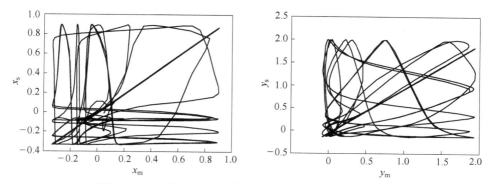

图 5-5 主、从 FHN 生物神经元的同步相轨迹（第一组）

第二组 主、从 FHN 生物神经元的外加电场激励频率为 $\omega_m = 2\pi \times 0.1021$，$\omega_s = 2\pi \times 0.1271$，不改变控制器参数，仿真结果如图 5-6~图 5-8 所示。

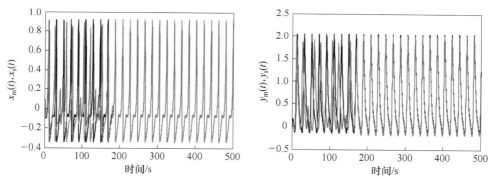

图 5-6 主、从 FHN 生物神经元的同步响应（第二组）

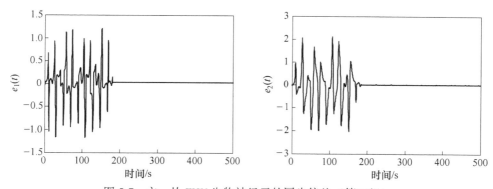

图 5-7 主、从 FHN 生物神经元的同步偏差（第二组）

第三组 为验证基于主动补偿的抗扰控制的同步控制效果，检验闭环同步控制系统的实时抗扰性能，在仿真中加入阶跃干扰。干扰信号在 200s 加入，260s 撤掉。主、从 FHN 生物神经元的外加电场频率为 $\omega_m = 2\pi \times 0.1271$，$\omega_s = 2\pi \times$

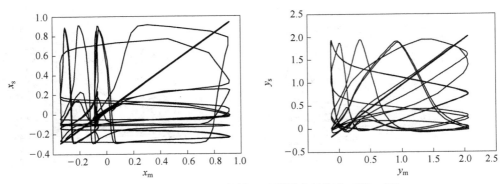

图 5-8　主、从 FHN 生物神经元的同步相轨迹（第二组）

0. 1021。

　　控制器参数与第一、二组相同。阶跃干扰信号如图 5-9 所示，数值仿真结果如图 5-10~图 5-12 所示。

　　从第三组仿真结果可以看出，即使阶跃干扰存在，基于主动补偿的抗扰控制

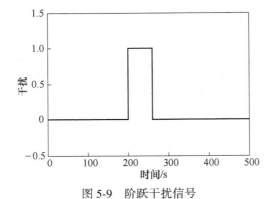

图 5-9　阶跃干扰信号

图 5-10　主、从 FHN 生物神经元的同步响应（第三组）

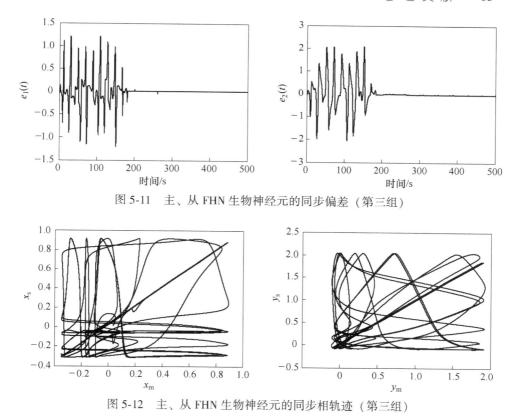

图 5-11　主、从 FHN 生物神经元的同步偏差（第三组）

图 5-12　主、从 FHN 生物神经元的同步相轨迹（第三组）

仍然能够有效实现 FHN 生物神经元系统的同步，证实了基于主动补偿的抗扰控制同步的有效性。

5.5　本章小结

本章研究了 FHN 生物神经元系统的同步问题。理论分析和仿真研究均证实了不论干扰是否存在，基于主动补偿的抗扰控制都能够有效实现 FHN 生物神经元系统的同步。

参 考 文 献

［1］ Gray C M. Synchronous oscillations in neuronal systems：Mechanisms and functions ［J］. J Comput Neurosci，1994（1）：11-38.

［2］ Gray C M，König P，Engel A K，et al. Oscillatory responses in cat visual cortex exhibit inter-columnar synchronization which reflects global stimulus properties ［J］. Nature，1989，338：

334-337.

［3］ Meister M, Wong R O, Baylor D A, et al. Synchronous bursts of action potentials in ganglion cells of the developing mammalian retina ［J］. Science, 1991, 252: 939-943.

［4］ Kreiter A K, Singer W. Stimulus-dependent synchronization of neuronal responses in the visual cortex of the awake macaque monkey ［J］. J Neurosci, 1996, 16: 2381-2396.

［5］ Che Y Q, Wang J, Tsang K M, et al. Unidirectional synchronization for Hindmarsh-Rose neurons via robust adaptive sliding mode control ［J］. Nonlinear Analysis: Real World Applications, 2010, 11: 1096-1104.

［6］ Hodgkin L, Huxley A F. A quantitative description of membrane and its application to conduction and excitation in nerve ［J］. J Physiol, 1952, 117: 500-544.

［7］ FitzhHugh R. Trashholds and plateaus in the Hodgkin-Huxley nerve equations ［J］. J Gen Physiol, 1960, 43: 867-896.

［8］ Hindmarsh J L, Rose R M. A model of neuronal busting using three coupled first order differential equations ［J］. Proc Roy Soc Lond B Biol, 1984, 221: 87-102.

［9］ Doiron B, Laing C, Longtin A. Ghostbursting: a novel neuronal burst mechanism ［J］. J Comput Neurosci, 2002, 12: 5-25.

［10］ Wang Jiang, Zhang Zhen, Li Huiyan. Synchronization of FitzHugh-Nagumo systems in EES via H_∞ variable universe adaptive fuzzy control ［J］. Chaos, Solitons and Fractals, 2008, 36: 1332-1339.

［11］ Ahmet Uçar, Karl E Lonngren, Er-Wei Bai. Synchronization of the coupled FitzHugh-Nagumo systems ［J］. Chaos, Solitons and Fractals, 2004, 20: 1085-1090.

［12］ Wei Xile, Wang Jiang, Deng Bin. Introducing internal model to robust output synchronization of FitzHugh-Nagumo neurons in external electrical stimulation ［J］. Commun Nonlinear Sci Numer Simulat, 2009, 14: 3108-3119.

［13］ Aguilar-López R, Martínez-Guerra R. Synchronization of a coupled Hodgkin-Huxley neurons via high order sliding-mode feedback ［J］. Chaos, Solitons and Fractals, 2008, 37: 539-546.

［14］ Wu Q J, Zhou J, Xiang L, et al. Impulsive control and synchronization of chaotic Hindmarsh-Rose models for neuronal activity ［J］. Chaos, Solitons and Fractals, 2009, 41: 2706-2715.

［15］ Wang J, Chen L, Deng B. Synchronization of Ghostburster neuron in external electrical stimulation via H_∞ variable universe fuzzy adaptive control ［J］. Chaos, Solitons and Fractals, 2009, 39: 2076-2085.

［16］ Tornambé A, Valigi P. A decentralized controller for the robust stabilization of a class of MIMO dynamical systems ［J］. Journal of Dynamic Systems, Measurement, and Control, ASME, 1994, 116: 293-304.

6 Ghostburster 神经元的抗干扰同步

6.1 引言

神经系统是人体的重要系统，人的各种生命活动、系统功能都在神经系统直接或间接的调控之下。神经元是神经系统结构和功能的基本单元，生理信息在神经元之间传递，神经元的生理活动直接影响了神经系统功能的实现。研究表明，神经元的生理活动包含了各种丰富的非线性动力学行为，因此，人们对神经元非线性动力学行为的研究产生了极大的兴趣。近年来，关于神经生理学与非线性动力学交叉的神经动力学（neuron dynamics）的研究已经成为科学研究的热点。人们希望知道神经元之间是如何进行信息传递和信息处理的。

研究人员发现自然界普遍存在的同步现象在神经系统中同样扮演着重要角色。哺乳类动物的神经系统表现出各种同步行为，比如周期、类周期、混沌、诱发噪声以及噪声增强的同步。神经元之间的同步被认为是实现某种关键功能，包括生物信息处理以及产生规律活动所必需的重要机制。神经元同步的存在与否，甚至于存在的程度都是生物系统获得正常机能或者造成功能紊乱的关键因素，因此神经系统的同步研究是非常重要的。

目前，已经有一些神经动力学模型用以研究神经元的非线性动态及其同步规律。1952 年，英国生物学家 Hodgkin 和 Huxley 将毛细玻璃管电极纵向插入乌贼巨型轴突内并施以激励，首次实现了静息电位和动作电位的记录，并对记录数据进行了精确分析和大胆假设，建立了第一个用以描述神经元膜动态的完整的数学模型，即 Hodgkin-Huxley（HH）模型。之后，各种神经元模型相继提出，主要有 FitzHugh-Nagumo（FHN）模型、Hindmarsh-Rose（HR）模型、Chay 模型、Morris-Lecar 神经元模型、Leech 神经元模型、Ghostburster 神经元模型等。与此同时，各种同步方法分别应用于上述神经元模型的同步。Cornejo-Pérez 等利用精确反馈线性化技术实现了两个 HH 神经元的同步，然而精确反馈线性化这种理想的状态反馈控制通常难以实现，故该文作者利用高增益观测器对上述理想控制律进行修正。相同的同步控制思路在 FitzHugh-Nagumo 神经元模型的同步中得以应用。高阶滑模控制及 H 无穷自适应模糊控制方法也应用于 HH 神经元同步。Ahmet 设计了一种基于神经系统模型结构及参数的非线性控制律实现耦合 FitzHugh-

Nagumo 神经元的同步。内模方法、Backstepping 方法、自适应神经网络 H 无穷控制以及脉冲同步等控制方法均成功实现了各种神经系统的同步。

  本章考虑两个 Ghostburster 神经元的同步问题。Ghostburster 神经元模型描述了弱电鱼的 electrosensory lateral line lobe（ELL）内锥体细胞的胞体（soma）和树突（dendrite）的动力学特性，即锥体细胞的胞体（soma）和树突（dendrite）的放电规律以及在外加电场激励下的细胞膜电位动态。在 Ghostburster 神经元上加入各种外部激励可以观察到 Ghostburster 神经元呈现出混沌及周期行为。Deng、Wang、Sun 等分别利用自适应神经网络 H 无穷控制、H 无穷模糊自适应控制和基于模型的主动控制方法获得了在外部电场激励下的 Ghostburster 神经元的同步结果。

  实际上，不确定性不可避免，因此，不基于神经系统精确模型的同步方法具有重要的理论及现实意义。本节将基于主动补偿的抗扰控制应用于不同外加电场激励下的两个 Ghostburster 生物神经元的同步中。

  本章共 5 小节。6.2 节给出 Ghostburster 神经元的数学模型，并对其复杂动力学特性进行分析；6.3 节设计基于主动补偿的抗扰控制同步方案；6.4 节利用数值仿真验证基于主动补偿的抗扰控制能有效实现两个 Ghostburster 神经元的同步；6.5 节是 Ghostburster 神经元同步问题的小结。

6.2　问题描述

6.2.1　Ghostburster 神经元模型

  Ghostburster 神经元模型由弱电鱼的 ELL 内锥体细胞的胞体（soma）和树突（dendrite）两部分的动力学方程组成。ELL 内锥体细胞模型结构如图 6-1 所示。Ghostburster 神经元模型可由式（6-1）描述。

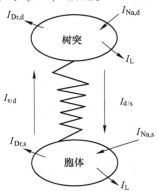

图 6-1　ELL 锥体细胞结构

胞体（Soma）部分

$$
\begin{cases}
\dfrac{\mathrm{d}V_s}{\mathrm{d}t} = I_s + g_{\mathrm{Na,s}} m_{\infty,s}^2 (V_s)(1 - n_s)(V_{\mathrm{Na}} - V_s) + g_{\mathrm{Dr,s}} n_s^2 (V_{\mathrm{K}} - V_s) + \\
\qquad\qquad \dfrac{g_c}{k}(V_d - V_s) + g_{\mathrm{leak}}(V_{\mathrm{L}} - V_s) \\[2mm]
\dfrac{\mathrm{d}n_s}{\mathrm{d}t} = \dfrac{n_{\infty,s}(V_s) - n_s}{\tau_{n,s}}
\end{cases}
$$

$$(6\text{-}1a)$$

树突（Dendrite）部分

$$
\begin{cases}
\dfrac{\mathrm{d}V_d}{\mathrm{d}t} = g_{\mathrm{Na,d}} m_{\infty,d}^2 (V_d) h_d (V_{\mathrm{Na}} - V_d) + g_{\mathrm{Dr,d}} n_d^2 p_d (V_{\mathrm{K}} - V_d) + \\
\qquad\qquad \dfrac{g_c}{1 - k}(V_s - V_d) + g_{\mathrm{leak}}(V_{\mathrm{L}} - V_d) \\[2mm]
\dfrac{\mathrm{d}h_d}{\mathrm{d}t} = \dfrac{h_{\infty,d}(V_d) - h_d}{\tau_{h,d}} \\[2mm]
\dfrac{\mathrm{d}h_d}{\mathrm{d}t} = \dfrac{n_{\infty,d}(V_d) - n_d}{\tau_{n,d}} \\[2mm]
\dfrac{\mathrm{d}p_d}{\mathrm{d}t} = \dfrac{p_{\infty,d}(V_d) - p_d}{\tau_{p,d}}
\end{cases}
$$

$$(6\text{-}1b)$$

式中，V_s 为胞体膜电位；V_d 为树突膜电位。

表 6-1 给出了部分模型参数，每个离子电流（$I_{\mathrm{Na,s}}$、$I_{\mathrm{Dr,s}}$、$I_{\mathrm{Na,d}}$ 及 $I_{\mathrm{Dr,d}}$）由最大电导系数 $g_{\max}$（$\mathrm{mS/cm^2}$），无穷电导以及时间常数 τ（ms）组成。无穷电导包含 $V_{1/2}$ 和 k 参数 $m_{\infty,s}(V_s) = \dfrac{1}{1 + \mathrm{e}^{-(V_s - V_{1/2})/k}}$。模型参数值选为 $k = 0.4$，$V_{\mathrm{Na}} = 40\mathrm{mV}$，$V_{\mathrm{K}} = -88.5\mathrm{mV}$，$V_{\mathrm{leak}} = -70\mathrm{mV}$，$g_c = 1$，$g_{\mathrm{leak}} = 0.18$。

表 6-1 Ghostburster 神经元模型参数

电流	$g_{\max}$ /mS·cm^{-2}	$V_{1/2}$/mV	λ/mV	τ/ms
$I_{\mathrm{Na,s}}$ [$n_{\infty,s}(V_s)$]	55	−40	3	0.39
$I_{\mathrm{Dr,s}}$ [$m_{\infty,s}(V_s)$]	20	−40	3	N/A
$I_{\mathrm{Na,d}}$ [$m_{\infty,d}(V_d)$ / $h_{\infty,d}(V_d)$]	5	−40/−52	5/−5	N/A/1
$I_{\mathrm{Dr,d}}$ [$n_{\infty,d}(V_d)$ /$p_{\infty,d}(V_d)$]	15	−40/−65	5/−6	0.9/5

注：N/A 表示通道激活瞬间跟踪膜电位。

6.2.2　Ghostburster 神经元的动力学行为

外加电流 I_s 变化时，Ghostburster 神经元表现出不同的动态行为。选取外加电流 $I_s = 6.5\text{mA}$ 时 Ghostburster 神经元呈现周期放电状态，而 $I_s = 9\text{mA}$ 时 Ghostburster 神经元呈现混沌放电状态。选取系统状态初值为 $(V_{s0}, n_{s0}, V_{d0}, h_{d0}, n_{d0}, p_{d0})^T = (0, 0, 0, 0, 0, 0)^T$，胞体膜电位 V_s 和树突膜电位 V_d 的状态响应如图 6-2 所示。

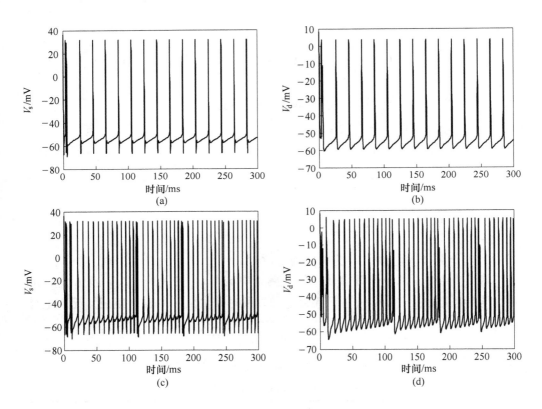

图 6-2　V_s 和 V_d 的状态响应

（a），（b）$I_s = 6.5\text{mA}$；（c），（d）$I_s = 9\text{mA}$

6.2.3　Ghostburster 神经元同步问题描述

本节讨论不同外加电流激励下两个 Ghostburster 神经元的同步问题，即设计控制器使呈现不同动力学行为的两个 Ghostburster 神经元达到同步。

驱动和响应 Ghostburster 神经元系统为：

$$
\begin{cases}
\dfrac{\mathrm{d}V_{s,m}}{\mathrm{d}t} = I_{s,m} + g_{Na,s}m_{\infty,s}^2(V_{s,m})(1-n_{s,m})(V_{Na}-V_{s,m}) + g_{Dr,s}n_{s,m}^2(V_K-V_{s,m}) + \\
\qquad\qquad \dfrac{g_c}{k}(V_{d,m}-V_{s,m}) + g_{leak}(V_L-V_{s,m}) \\[2mm]
\dfrac{\mathrm{d}V_{d,m}}{\mathrm{d}t} = g_{Na,d}m_{\infty,d}^2(V_{d,m})h_{d,m}(V_{Na}-V_{d,m}) + g_{Dr,d}n_{d,m}^2 p_{d,m}(V_K-V_{d,m}) + \\
\qquad\qquad \dfrac{g_c}{1-k}(V_{s,m}-V_{d,m}) + g_{leak}(V_L-V_{d,m}) \\[2mm]
\dfrac{\mathrm{d}V_{s,s}}{\mathrm{d}t} = I_{s,s} + g_{Na,s}m_{\infty,s}^2(V_{s,s})(1-n_{s,s})(V_{Na}-V_{s,s}) + g_{Dr,s}n_{s,s}^2(V_K-V_{s,s}) + \\
\qquad\qquad \dfrac{g_c}{k}(V_{d,s}-V_{s,s}) + g_{leak}(V_L-V_{s,s}) + u_1 \\[2mm]
\dfrac{\mathrm{d}V_{d,s}}{\mathrm{d}t} = g_{Na,d}m_{\infty,d}^2(V_{d,s})h_{d,s}(V_{Na}-V_{d,s}) + g_{Dr,d}n_{d,s}^2 p_{d,s}(V_K-V_{d,s}) + \\
\qquad\qquad \dfrac{g_c}{1-k}(V_{s,s}-V_{d,s}) + g_{leak}(V_L-V_{d,s}) + u_2
\end{cases}
$$

$$(6\text{-}2)$$

式中，u_1、u_2 为两个相互独立的控制器，用以实现驱动和响应系统同步。

定义同步偏差为 $e_1 = V_{s,s} - V_{s,m}$，$e_2 = V_{d,s} - V_{d,m}$，那么偏差动力学系统可以表示为：

$$
\begin{cases}
\dot{e}_1 = -\left(\dfrac{g_c}{k}+g_{leak}\right)e_1 + \big[(I_{s,s}-I_{s,m}) + g_{Na,s}m_{\infty,s}^2(V_{s,s})(1-n_{s,s})(V_{Na}-V_{s,s}) + \\
\qquad g_{Dr,s}n_{s,s}^2(V_K-V_{s,s}) - (g_{Na,s}m_{\infty,s}^2(V_{s,m})(1-n_{s,m})(V_{Na}-V_{s,m}) + \\
\qquad g_{Dr,s}n_{s,m}^2(V_K-V_{s,m}))\big] + \dfrac{g_c}{k}e_2 + u_1 \\[2mm]
\dot{e}_2 = -\left(\dfrac{g_c}{1-k}+g_{leak}\right)e_2 + \big[g_{Na,d}m_{\infty,d}^2(V_{d,s})h_{d,s}(V_{Na}-V_{d,s}) + \\
\qquad g_{Dr,d}n_{d,s}^2 p_{d,s}(V_K-V_{d,s}) - (g_{Na,d}m_{\infty,d}^2(V_{d,m})h_{d,m}(V_{Na}-V_{d,m}) + \\
\qquad g_{Dr,d}n_{d,m}^2 p_{d,m}(V_K-V_{d,m}))\big] + \dfrac{g_c}{1-k}e_1 + u_2
\end{cases}
$$

$$(6\text{-}3)$$

定义：

$$f_1 = (I_{s,s} - I_{s,m}) + g_{Na,s}m_{\infty,s}^2(V_{s,s})(1 - n_{s,s})(V_{Na} - V_{s,s}) +$$
$$g_{Dr,s}n_{s,s}^2(V_K - V_{s,s}) - [g_{Na,s}m_{\infty,s}^2(V_{s,m})(1 - n_{s,m})(V_{Na} - V_{s,m}) +$$
$$g_{Dr,s}n_{s,m}^2(V_K - V_{s,m})]$$

$$f_2 = g_{Na,d}m_{\infty,d}^2(V_{d,s})h_{d,s}(V_{Na} - V_{d,s}) + g_{Dr,d}n_{d,s}^2p_{d,s}(V_K - V_{d,s}) -$$
$$[g_{Na,d}m_{\infty,d}^2(V_{d,m})h_{d,m}(V_{Na} - V_{d,m}) + g_{Dr,d}n_{d,m}^2p_{d,m}(V_K - V_{d,m})]$$

则偏差动力学系统（6-3）可写为：

$$\begin{cases} \dot{e}_1 = -\left(\dfrac{g_c}{k} + g_{leak}\right)e_1 + \dfrac{g_c}{k}e_2 + f_1 + u_1 \\[3mm] \dot{e}_2 = -\left(\dfrac{g_c}{1-k} + g_{leak}\right)e_2 + \dfrac{g_c}{1-k}e_1 + f_2 + u_2 \end{cases} \tag{6-4}$$

设计控制器 u_1、u_2 使响应神经元状态跟踪驱动神经元状态，也就是使偏差系统式（6-4）收敛到零，即 $\lim\limits_{t\to\infty}e_i = 0(i = 1, 2)$。

基于主动补偿的抗扰控制器不依赖于系统的精确数学模型，具有很好的适应性，本章将其应用于两个 Ghostburster 生物神经元系统的同步中。

6.3 基于主动补偿的抗扰控制器设计

为便于分析，可将式（6-2）写为如下形式：

$$\begin{cases} \dot{x}_m = Ax_m + Bf(x_m) \\ \dot{x}_s = Ax_s + B(f(x_s) + u(t)) \end{cases} \tag{6-5}$$

式中，x_m、$x_s \in \mathbf{R}^n$ 为驱动和响应系统的状态；$f: \mathbf{R}^n \to \mathbf{R}$ 为有界光滑非线性函数；$u(t) \in \mathbf{R}$ 为系统控制输入。

$$A = \begin{bmatrix} 0 & 1 & 0 & \cdots & 0 \\ 0 & 0 & 1 & \cdots & 0 \\ \vdots & \vdots & \vdots & \vdots & \vdots \\ 0 & 0 & \cdots & 0 & 1 \\ 0 & 0 & \cdots & 0 & 0 \end{bmatrix}_{n \times n}, \quad B = \begin{bmatrix} 0 \\ 0 \\ 0 \\ 0 \\ 1 \end{bmatrix}_{n \times 1}$$

定义 $e = x_s - x_m$，那么偏差系统可写为：

$$\dot{e} = Ae + B(f(x_s, x_m) + u(t)) \tag{6-6}$$

基于主动补偿的抗扰控制器一般形式为：

$$
\begin{cases}
u = -h_0 z_1 - h_1 z_2 - \cdots - h_{n-1} z_n - \hat{d} = -\sum_{i=0}^{n-1} h_i z_{i+1} - \hat{d} \\
\hat{d} = \xi + \sum_{i=0}^{n-1} k_i z_{i+1} \\
\dot{\xi} = -k_{n-1}\xi - k_{n-1}\sum_{i=0}^{n-1} k_i z_{i+1} - \sum_{i=0}^{n-2} k_i z_{i+2} - k_{n-1} u
\end{cases}
\tag{6-7}
$$

选取控制器参数 $h_i(i=0, 1, \cdots, n-1)$，使多项式 $h(s) = s^n + h_{n-1}s^{n-1} + \cdots + h_1 s + h_0$ 的特征值在复平面的左半开平面。

将式 (6-7) 代入偏差系统式 (6-6) 得到：

$$
\dot{e}_n = -\sum_{i=0}^{n-1} h_i z_{i+1} + (f(\boldsymbol{x}_s, \boldsymbol{x}_m) - \hat{d})
\tag{6-8}
$$

定义 $\tilde{d} = f(\boldsymbol{x}_s, \boldsymbol{x}_m) - \hat{d}$，则式 (6-8) 可写为：

$$
\dot{e}_n = -\sum_{i=0}^{n-1} h_i z_{i+1} + \tilde{d}
\tag{6-9}
$$

于是整个偏差系统可写为：

$$
\dot{\boldsymbol{e}} = \boldsymbol{F}\boldsymbol{e} + \boldsymbol{q}\tilde{d}
\tag{6-10}
$$

式中，$\boldsymbol{F} = \begin{bmatrix} 0 & 1 & 0 & \cdots & 0 \\ 0 & 0 & 1 & \cdots & 0 \\ \vdots & \vdots & \vdots & \vdots & \vdots \\ 0 & 0 & \cdots & 0 & 1 \\ -h_0 & -h_1 & \cdots & \cdots & -h_{n-1} \end{bmatrix}_{n \times n}$，$\boldsymbol{q} = \begin{bmatrix} 0 \\ 0 \\ 0 \\ 0 \\ 1 \end{bmatrix}_{n \times 1}$。

定理 存在常数 $\mu^* > 0$，如果 $k_{n-1} > \mu^*$，那么闭环系统式 (6-6)、式 (6-7) 是渐近稳定的。

对于两个 Ghostburster 神经元系统的同步有如下推论：

推论 存在两个常数 $\mu_1^* > 0$ 和 $\mu_2^* > 0$，如果 $k_{01} > \mu_1^*$，$k_{02} > \mu_2^*$，那么闭环偏差系统式 (6-13) 和式 (6-14) 是渐近稳定的。

证明 偏差系统 (6-4) 的控制输入 u_1、u_2 分别为：

$$
\begin{cases}
u_1 = -h_{01} e_1 - \hat{d}_1 \\
\dot{\xi}_1 = -k_{01}\xi_1 - k_{01}^2 e_1 - k_{01} u_1 \\
\hat{d}_1 = \xi_1 + k_{01} e_1
\end{cases}
\tag{6-11a}
$$

$$\begin{cases} u_2 = -h_{02}e_2 - \hat{d}_2 \\ \dot{\xi}_1 = -k_{02}\xi_2 - k_{02}^2 e_2 - k_{02}u_2 \\ \hat{d}_2 = \xi_2 + k_{02}e_2 \end{cases} \quad (6\text{-}11\text{b})$$

将式（6-11）代入系统（6-4）有：

$$\begin{cases} \dot{e}_1 = G_1(e_1,\ e_2) - h_{01}e_1 - \hat{d}_1 = -h_{01}e_1 + d_1 - \hat{d}_1 \\ \dot{e}_2 = G_2(e_1,\ e_2) - h_{02}e_2 - \hat{d}_2 = -h_{02}e_2 + d_2 - \hat{d}_2 \end{cases} \quad (6\text{-}12)$$

其中

$$G_1(e_1,\ e_2) = -\left(\frac{g_c}{k} + g_{\text{leak}}\right)e_1 + \frac{g_c}{k}e_2 + f_1$$

$$G_2(e_1,\ e_2) = -\left(\frac{g_c}{1-k} + g_{\text{leak}}\right)e_2 + \frac{g_c}{1-k}e_1 + f_2$$

令 $\tilde{d} = d - \hat{d}$，那么 d 和 $\hat{d}$ 的导数分别为

$$\dot{d}_1 = \frac{\mathrm{d}}{\mathrm{d}t}(G_1(e_1,\ e_2)) = a_1(e_1,\ e_2)$$

$$\dot{d}_2 = \frac{\mathrm{d}}{\mathrm{d}t}(G_2(e_1,\ e_2)) = a_2(e_1,\ e_2)$$

$$\dot{\hat{d}}_1 = -k_{01}\xi_1 - k_{01}^2 e_1 - k_{01}u_1 + k_{01}(d_1 + u_1)$$

$$= k_{01}(d_1 - \xi_1 - k_{01}e_1) = k_{01}(d_1 - \hat{d}_1) = k_{01}\tilde{d}_1$$

即 $\dot{\hat{d}}_1 = k_{01}\tilde{d}_1$，同理 $\dot{\hat{d}}_2 = k_{02}\tilde{d}_2$；于是 $\dot{\tilde{d}}_1 = a_1(e_1,\ e_2) - k_{01}\tilde{d}_1$，$\dot{\tilde{d}}_2 = a_2(e_1,\ e_2) - k_{02}\tilde{d}_2$。

那么闭环偏差系统可写为：

$$\begin{cases} \dot{e}_1 = -h_{01}e_1 + \tilde{d}_1 \\ \dot{\tilde{d}}_1 = a_1(e_1,\ e_2) - k_{01}\tilde{d}_1 \end{cases} \quad (6\text{-}13)$$

$$\begin{cases} \dot{e}_2 = -h_{02}e_2 + \tilde{d}_2 \\ \dot{\tilde{d}}_2 = a_2(e_1,\ e_2) - k_{02}\tilde{d}_2 \end{cases} \quad (6\text{-}14)$$

定义可微正定函数 $V_1 = \frac{1}{2}e_1^2$，$V_2 = \frac{1}{2}e_2^2$。

定义如下紧集：

$$U_{V_1, M_1} = \{ e_1 \mid V_1 = \frac{1}{2} e_1^2 \leqslant M_1 \}$$

$$U_{V_2, M_2} = \{ e_2 \mid V_2 = \frac{1}{2} e_2^2 \leqslant M_2 \}$$

式中，M_1、M_2 为正数。假设对于任意 $h_{01} > 0$，$h_{02} > 0$ 及任意 $e_1 \in U_{V_1, M_1}$，$e_2 \in U_{V_2, M_2}$，有：

（1）$V_1(0) = 0$，$\left. \dfrac{\mathrm{d}V_1}{\mathrm{d}e_1} \right|_{e_1 = 0} = 0$，$V_2(0) = 0$，$\left. \dfrac{\mathrm{d}V_2}{\mathrm{d}e_2} \right|_{e_2 = 0} = 0$。

（2）$\dfrac{\mathrm{d}V_1}{\mathrm{d}e_1}(-h_{01}e_1) \leqslant -e_1^2$，$\dfrac{\mathrm{d}V_2}{\mathrm{d}e_2}(-h_{02}e_2) \leqslant -e_2^2$。

定义如下 Lyapunov 函数：

$$W_1 = V_1 + \frac{1}{2}\tilde{d}_1^2, \qquad W_2 = V_2 + \frac{1}{2}\tilde{d}_2^2$$

对于确定的 M_1、M_2，令 U_{W_1, M_1}、U_{W_2, M_2} 为如下紧集：

$$U_{W_1, M_1} = \{ (e_1, \tilde{d}_1) \mid W_1 = V_1 + \frac{1}{2}\tilde{d}_1^2 \leqslant M_1 \}$$

$$U_{W_2, M_2} = \{ (e_2, \tilde{d}_2) \mid W_2 = V_2 + \frac{1}{2}\tilde{d}_2^2 \leqslant M_2 \}$$

沿系统式（6-13）、式（6-14）对 W_1、W_2 求导有

$$\dot{W}_1 = \dot{V}_1 + \tilde{d}_1 \dot{\tilde{d}}_1 = \frac{\mathrm{d}V_1}{\mathrm{d}e_1}(-h_{01}e_1 + \tilde{d}_1) + \tilde{d}_1(a_1(e_1, e_2) - k_{01}\tilde{d}_1)$$

$$\dot{W}_2 = \dot{V}_2 + \tilde{d}_2 \dot{\tilde{d}}_2 = \frac{\mathrm{d}V_2}{\mathrm{d}e_2}(-h_{02}e_2 + \tilde{d}_2) + \tilde{d}_2(a_2(e_1, e_2) - k_{02}\tilde{d}_2)$$

显然 U_{W_1, M_1}、U_{W_2, M_2} 在超平面 $\tilde{d} = 0$ 上的投影与 U_{V_1, M_1}、U_{V_2, M_2} 重合，那么 $\forall (e, \tilde{d}) \in U_{W, M}$ 假设（1）、（2）仍然成立，由技术引理：

（3）由于 $\left. \dfrac{\mathrm{d}V}{\mathrm{d}e} \right|_{e=0} = 0$，那么 $\left| \dfrac{\mathrm{d}V}{\mathrm{d}e} \right| \leqslant P_V |e|$，$\forall e \in U_{W, M} \mid_e$。

（4）$|a(e_1, e_2)| \leqslant P_\alpha |e|$，$\forall e \in U_{W, M} \mid_e$。

其中，P_V、P_α 为与 M 相关的正数，故 $\forall (e, \tilde{d}) \in U_{W, M}$ 有：

$$\dot{W}_1 = \dot{V}_1 + \tilde{d}_1 \dot{\tilde{d}}_1 = \frac{\mathrm{d}V_1}{\mathrm{d}e_1}(-h_{01}e_1 + \tilde{d}_1) + \tilde{d}_1(a_1(e_1, e_2) - k_{01}\tilde{d}_1)$$

$$\leqslant -e_1^2 + (P_{V_1} + P_{\alpha 1})|e_1||\tilde{d}_1| - k_{01}\tilde{d}_1^2$$

$$= -(e_1^2 - (P_{V_1} + P_{\alpha_1})|e_1||\widetilde{d}_1| + k_{01}\widetilde{d}_1^2)$$

$$= -\begin{bmatrix} |e_1| & |\widetilde{d}_1| \end{bmatrix} \begin{bmatrix} 1 & \dfrac{-(P_{V_1} + P_{\alpha_1})}{2} \\ \dfrac{-(P_{V_1} + P_{\alpha1})}{2} & k_{01} \end{bmatrix} \begin{bmatrix} |e_1| \\ |\widetilde{d}_1| \end{bmatrix}$$

$$\dot{W}_2 = \dot{V}_2 + \widetilde{d}_2\dot{\widetilde{d}}_2 = \frac{\mathrm{d}V_2}{\mathrm{d}e_2}(-h_{02}e_2 + \widetilde{d}_2) + \widetilde{d}_2(a_2(e_1, e_2) - k_{02}\widetilde{d}_2)$$

$$\leqslant -e_2^2 + (P_{V_2} + P_{\alpha_2})|e_2||\widetilde{d}_2| - k_{02}\widetilde{d}_2^2$$

$$= -(e_2^2 - (P_{V_2} + P_{\alpha_2})|e_2||\widetilde{d}_2| + k_{02}\widetilde{d}_2^2)$$

$$= -\begin{bmatrix} |e_2| & |\widetilde{d}_2| \end{bmatrix} \begin{bmatrix} 1 & \dfrac{-(P_{V_2} + P_{\alpha_2})}{2} \\ \dfrac{-(P_{V_2} + P_{\alpha_2})}{2} & k_{02} \end{bmatrix} \begin{bmatrix} |e_2| \\ |\widetilde{d}_2| \end{bmatrix}$$

根据 Sylvester 准则，当 $k_{01} > \dfrac{(P_{V_1} + P_{\alpha_1})^2}{4}$，$k_{02} > \dfrac{(P_{V_2} + P_{\alpha_2})^2}{4}$ 时，$\dot{W}_1$、$\dot{W}_2$ 在 U_{W_1, M_1}、U_{W_2, M_2} 上负定，因此闭环系统式（6-13）、式（6-14）渐近稳定。

如果令 $\mu_1^* = \dfrac{(P_{V_1} + P_{\alpha_1})^2}{4}$，$\mu_2^* = \dfrac{(P_{V_2} + P_{\alpha_2})^2}{4}$，则有：当 $k_{01} > \mu_1^*$，$k_{02} > \mu_2^*$ 时，闭环系统式（6-13）、式（6-14）在 $U_{W, M}$ 上渐近稳定。

闭环偏差系统渐近稳定表明在外部控制作用下驱动和响应系统渐近同步。

6.4　仿真研究

本节通过数值仿真验证基于主动补偿的抗扰控制在 Ghostburster 神经元同步中的效果。系统初值选为 $(V_{s,m0}, n_{s,m0}, V_{d,m0}, h_{d,m0}, n_{d,m0}, p_{d,m0})^{\mathrm{T}} = (1, 0, 1, 0, 0, 0)^{\mathrm{T}}$，$(V_{s,s0}, n_{s,s0}, V_{d,s0}, h_{d,s0}, n_{d,s0}, p_{d,s0})^{\mathrm{T}} = (0, 0, 0, 0, 0, 0)^{\mathrm{T}}$。分别做两组仿真实验，在以下所有仿真中控制作用均在 100ms 时加入，控制器 u_1、u_2 的参数均取为：

$$k_{01} = k_{02} = 116, \quad h_{01} = h_{02} = 26$$

第一组　驱动神经元系统的外部电流激励选为 6.5mA，响应神经元系统的外部电流激励选为 9mA。利用基于主动补偿的抗扰控制，使呈现混沌状态的响应神经元系统跟踪呈现周期状态的驱动神经元系统。

情形 1　系统参数不发生变化。系统的同步轨迹、同步偏差以及加入控制作用后的系统相轨迹如图 6-3 所示。

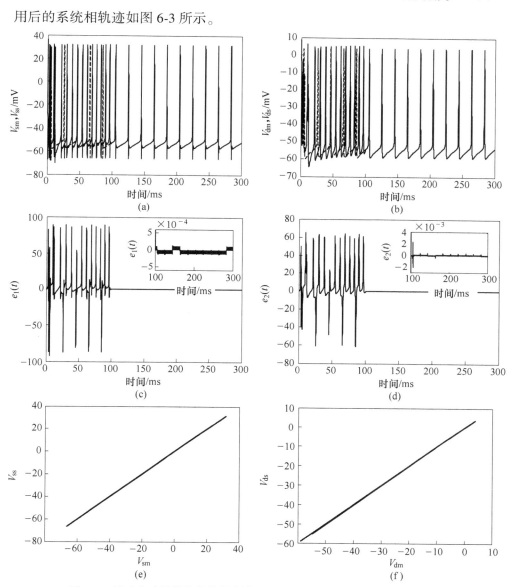

图 6-3　基于主动补偿的抗扰控制作用下 Ghostburster 神经元的同步响应

（a），（b）同步轨迹；（c），（d）同步偏差；（e），（f）控制作用加入后的相轨迹

情形 2　响应神经元系统中的 g_c、g_{leak} 在 150ms 时发生突变，g_c、g_{leak} 均突变为原值的 10%，即 g_c、g_{leak} 突变为 0.9、0.162。g_c、g_{leak} 的突变情况及系统的动态响应分别如图 6-4 和图 6-5 所示。

情形 3　响应神经元系统中的 g_c、g_{leak} 在 150ms 时加入白噪声，噪声方差为 0.1。g_c、g_{leak} 的变化情况及系统的动态响应分别如图 6-6 和图 6-7 所示。

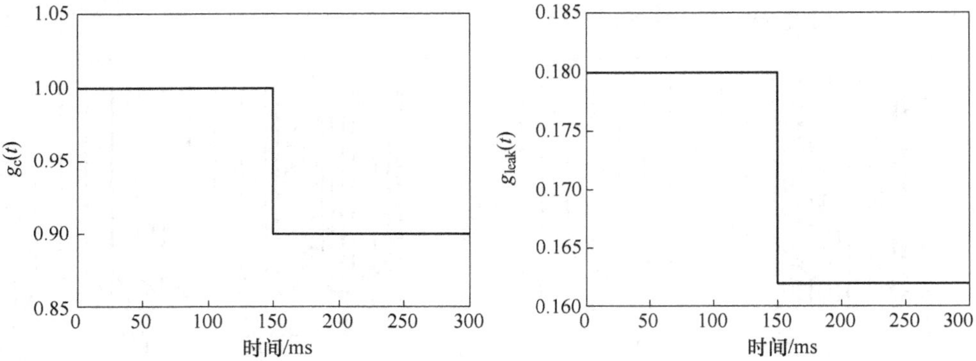

图 6-4　g_c、g_{leak} 的突变情况

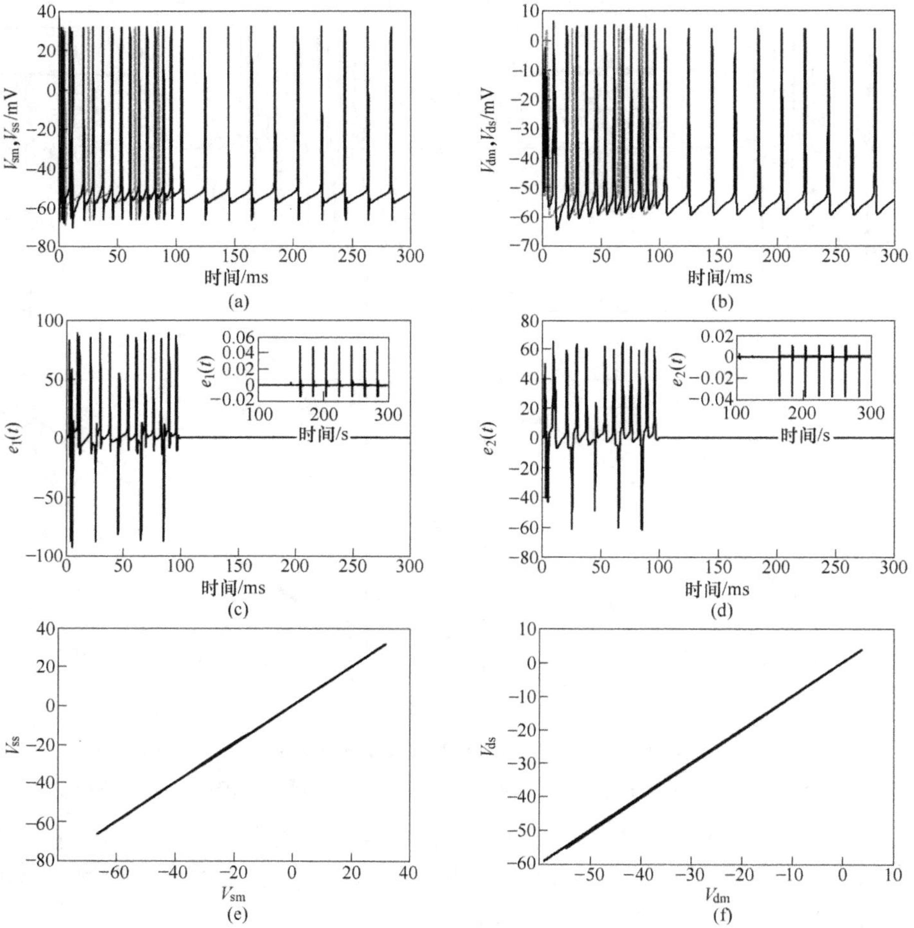

图 6-5　响应神经元系统的 g_c、g_{leak} 在 150ms 发生突变时 Ghostburster 神经元同步响应

（a），（b）同步轨迹；（c），（d）同步偏差；（e），（f）控制作用加入后的相轨迹

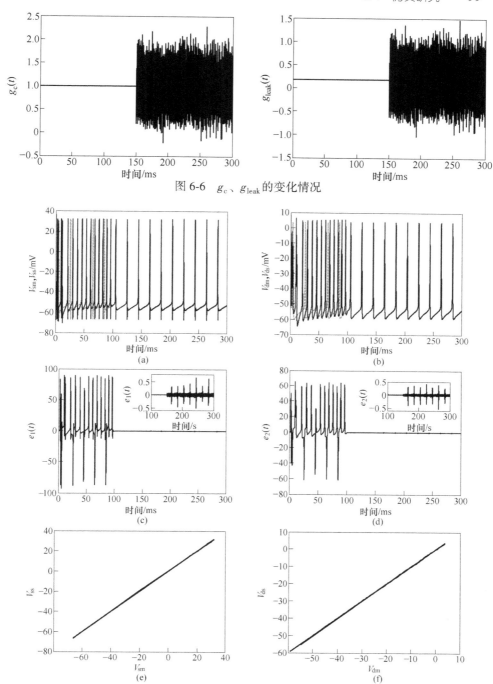

图 6-6 g_c、g_{leak} 的变化情况

图 6-7   响应神经元系统的 g_c、g_{leak} 在 150ms 加入白噪声时 Ghostburster 神经元同步响应
（a），（b）同步轨迹；（c），（d）同步偏差；（e），（f）控制作用加入后的相轨迹

第二组 驱动神经元系统的外部电流激励选为 9mA，响应神经元系统的外部电流激励选为 6.5mA。利用基于主动补偿的抗扰控制，使呈现周期状态的响应神经元系统跟踪呈现混沌状态的驱动神经元系统。

情形 1 系统参数不发生变化。系统的同步轨迹、同步偏差以及加入控制作用后的系统相轨迹如图 6-8 所示。

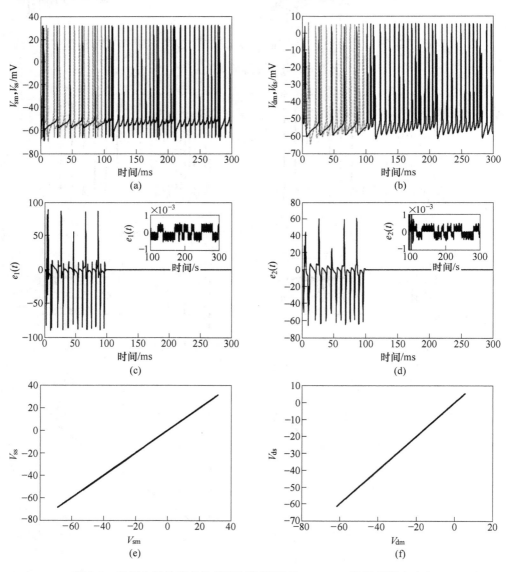

图 6-8 基于主动补偿的抗扰控制作用下 Ghostburster 神经元同步响应
（a），（b）同步轨迹；（c），（d）同步偏差；（e），（f）控制作用加入后的相轨迹

情形2 响应神经元系统中的g_c、g_{leak}在150ms时发生突变，g_c、g_{leak}的突变情况与第一组的情形二相同，系统的动态响应如图6-9所示。

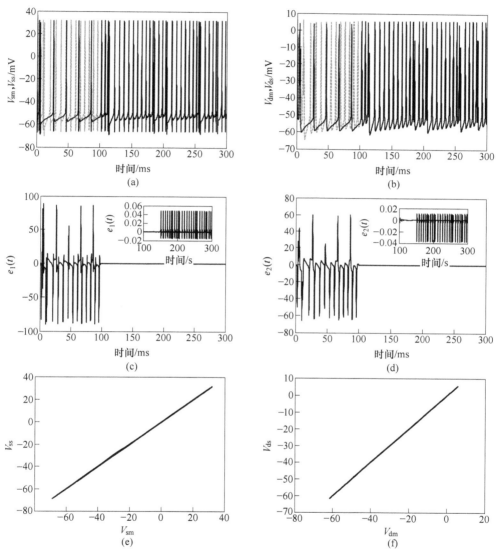

图6-9 响应神经元系统的g_c、g_{leak}在150ms发生突变时Ghostburster神经元同步响应

（a），（b）同步轨迹；（c），（d）同步偏差；（e），（f）控制作用加入后的相轨迹

情形3 响应神经元系统中的g_c、g_{leak}在150ms时加入与第一组情形三相同的白噪声，系统的动态响应如图6-10所示。

从上述两组仿真实验可以看出，不论系统参数是否发生变化，基于主动补偿的抗扰控制器均能有效实现两个Ghostburster生物神经元的同步。

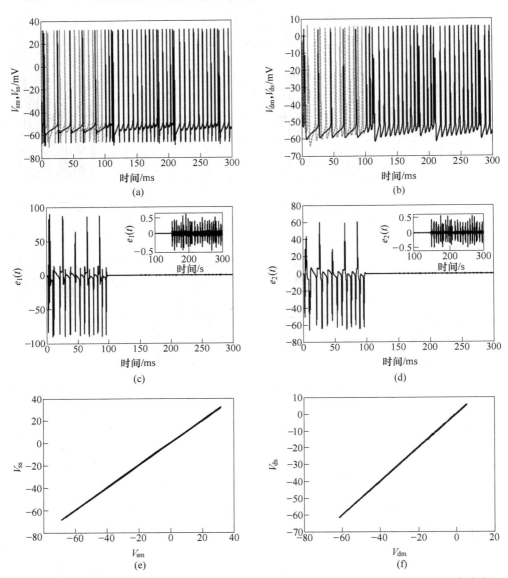

图 6-10   响应神经元系统的 g_c、g_{leak} 在 150ms 加入白噪声时 Ghostburster 神经元同步响应

（a），（b）同步轨迹；（c），（d）同步偏差；（e），（f）控制作用加入后的相轨迹

6.5   本章小结

本章考虑不同外加电场激励作用下的两个 Ghostburster 生物神经元的同步问题。理论分析和数值仿真均证实了基于主动补偿的抗扰控制能有效实现 Ghostburster 神经元系统的同步。

参 考 文 献

[1] Pikovsky A, Rosenblum M, Kurths J. Synchronization: A universal Concept in Nonlinear Sciences [M]. New York: Cambridge University Press, 2001.

[2] Womelsdorf T, Fries P. The role of neuronal synchronization in selective attention [J]. Curr Opin Neurobiol, 2007, 17 (2): 154-160.

[3] Gray C M. Synchronous oscillations in neuronal systems: Mechanisms and functions [J]. J Comput Neurosci, 1994 (1): 11-38.

[4] Basar E. Brain Function and Oscillations I: Brain oscillations, Principles and Approaches [M]. Berlin: Springer-Verlag, 1998.

[5] Haken H. Branin Dynamics-Synchronization and Activity Patterns in Pulse-Coupled Neural Nets with Delays and Noise [M]. Berlin: Springer-Verlag, 2002.

[6] Gray C M, König P, Engel A K, et al. Oscillatory responses in cat visual cortex exhibit inter-columnar synchronization which reflects global stimulus properties [J]. Nature, 1989, 338: 334-337.

[7] Gray C M, Mcormick D A. Chattering cells: Superficial pyramidal neurons contributing to the generation of synchronization oscillations in the visual cortex [J]. Science, 1996, 274: 109-113.

[8] Wang Q Y, Duan Z S, Feng Z S, et al. Synchronization transition in gap-junction-coupled leech neurons [J]. Physica A, 2008, 387: 4404-4410.

[9] Meister M, Wong R O, Baylor D A, et al. Synchronous bursts of action potentials in ganglion cells of the developing mammalian retina [J]. Science, 1991, 252: 939-943.

[10] Kreiter A K, Singer W. Stimulus-dependent synchronization of neuronal responses in the visual cortex of the awake macaque monkey [J]. J Neurosci, 1996, 16: 2381-2396.

[11] Che Y Q, Wang J, Tsang K M, et al. Unidirectional synchronization for Hindmarsh-Rose neurons via robust adaptive sliding mode control [J]. Nonlinear Analysis: Real World Applications 2010, 11: 1096-1104.

[12] Shuai J W, Durand D M. Phase synchronization in two coupled chaotic neurons [J]. Phys Lett A, 1999, 264: 289-297.

[13] Hodgkin L, Huxley A F. A quantitative description of membrane and its application to conduction and excitation in nerve [J]. J Physiol, 1952, 117: 500-544.

[14] FitzhHugh R. Trashholds and plateaus in the Hodgkin-Huxley nerve equations [J]. J Gen Physiol, 1960, 43: 867-896.

[15] Hindmarsh J L. Rose R M. A model of neuronal busting using three coupled first order differential equations [C] //Proc Roy Soc Lond B Biol, 1984, 221: 87-102.

[16] Chay T R. Chaos in a three-variable model of an excitable cell [J]. Physica D, 1985, 16:

233-242.

[17] Morris C, Lecar H. Voltage oscillations in the barnacle giant muscle fiber [J]. Biophys J, 1981, 35: 193-213.

[18] Shilnikov A, Calabrese R L, Cymbalyuk G. Mechanism of bistability: Tonic spiking and bursting in a neuron model [J]. Phys Rev E, 2005, 71: 056214-9.

[19] Doiron B, Laing C, Longtin A. Ghostbursting: A novel neuronal burst mechanism [J]. J Comput Neurosci, 2002, 12: 5-25.

[20] Cornejo-Pérez O, Femat R. Unidirectional synchronization of Hodgkin-Huxley neurons [J]. Chaos, Solitons and Fractals, 2005, 25: 43-53.

[21] Wang J, Zhang T, Deng B. Synchronization of FitzHugh-Nagumo neurons in external electrical stimulation via nonlinear control [J]. Chaos, Solitons and Fractals, 2007, 31: 30-38.

[22] Zhang T, Wang J, Fei X Y, et al. Synchronization of coupled FitzHugh-Nagumo systems via MIMO feedback linearization control [J]. Chaos, Solitons and Fractals, 2007, 33: 194-202.

[23] Aguilar-López R, Martínez-Guerra R. Synchronization of a coupled Hodgkin-Huxley neurons via high order sliding-mode feedback [J]. Chaos, Solitons and Fractals, 2008, 37: 539-546.

[24] Wang J, Che Y Q, Zhou S S, et al. Unidirectional synchronization of Hodgkin-Huxley neurons exposed to ELF electric field [J]. Chaos, Solitons and Fractals, 2009, 39: 1335-1345.

[25] Ahmet U, Lonngren Karl E, Bai E W. Synchronization of the coupled FitzHugh-Nagumo systems [J]. Chaos, Solitons and Fractals, 2004, 20: 1085-1090.

[26] Wei X L, Wang J, Deng B. Introducing internal model to robust output synchronization of FitzHugh-Nagumo neurons in external electrical sitmulation [J]. Commu Nonlinear Sci Numer Simulat, 2009, 14: 3108-3119.

[27] Deng B, Wang J, Fei X Y. Synchronization two coupled chaotic neurons in external electrical stimulation using backstepping control [J]. Chaos, Solitons and Fractals, 2006, 29: 182-189.

[28] Li H Y, Wong Y K, Chan W L, et al. Synchronization of Ghostburster neurons under external electrical stimulation via adaptive neural network H_∞ control [J]. Neurocomputing, 2010, 74: 230-238.

[29] Wu Q J, Zhou J, Xiang L, et al. Impulsive control and synchronization of chaotic Hindmarsh-Rose models for neuronal activity [J]. Chaos, Solitons and Fractals, 2009, 41: 2706-2715.

[30] Laing C R, Doiron B, Longtin A, et al. Ghostbursting: The effects of dendrites on spike patterns [J]. Neurocomputing, 2002, 44-46: 127-132.

[31] Oswald A M, Chacron M J. Brent Doiron et al. Parallel processing of sensory input by bursts and isolated spikes [J]. The Journal of Neuroscience, 2004, 24 (18): 4351-4362.

[32] Wang J, Chen L, Deng B. Synchronization of Ghostburster neuron in external electrical stimulation via H_∞ variable universe fuzzy adaptive control [J]. Chaos, Solitons and Fractals, 2009, 39: 2076-2085.

[33] Sun L, Wang J, Deng B. Global synchronization of two Ghostburster neurons via active control

［J］. Chaos, Solitons and Fractals, 2009, 40: 1213-1220.

［34］ Wei W, Li D H, Wang J, et al. Synchronization of Ghostburster neurons under external electrical stimulation: an adaptive approach ［C］// International Conferences on Life System Modeling and Simulation, 2010, Part I, CCIS 97: 100-116.

［35］ Tornambé A, Valigi P. A decentralized controller for the robust stabilization of a class of MIMO dynamical systems ［J］. Journal of Dynamic Systems, Measurement and Control, 1994, 116: 293-304.

7 Morris-Lecar 神经系统的抗干扰同步

本章研究了两个 Morris-Lecar 神经元系统在外加电场作用下的同步问题，设计了基于主动补偿的抗扰控制和基于扩张状态观测器的自抗扰控制，实现了 Morris-Lecar 生物神经元各状态的放电同步。所设计的两个控制器对于外部干扰均具有极好的抵抗能力，提高了神经元同步的鲁棒性。仿真结果表明抗干扰控制同步方法是有效的。

7.1 引言

同步是自然界普遍存在的现象。特别地，在生物神经系统中，生物神经元的放电同步以及同步程度对实现生物体功能非常重要。生物神经元的放电同步已经成为生物信息处理领域研究的热点问题，吸引了众多研究者的关注。

为获得对生物神经元的定量分析结果，Hodgkin 和 Huxley 于 20 世纪 50 年代提出的第一个神经元膜电位模型—— Hodgkin-Huxley（HH）模型、成为神经电生理学研究的里程碑。此后，为深入研究生物神经元的膜电位动态，各种定量描述生物神经元膜电位动态的数学模型相继提出：FitzHugh-Nagumo（FHN）模型、Hindmarsh-Rose（HR）模型、Ghostburster 模型等。在生物神经元模型的基础上，各种定量分析、同步、控制等研究相继展开。运用精确反馈线性化，Comejo-Pérez 等实现了两个 HH 神经元放电同步；基于 FHN 模型的结构和参数，Ahmet 等人设计非线性控制算法获得了 FHN 神经元的放电同步；Li 等人利用自适应神经网络 H 无穷控制获得了 Ghostburster 神经元的放电同步。

Morris-Lecar 神经元是一类简化的生物神经元模型，王江等人分析了其渐近行为；González-Miranda 等人分析了 Morris-Lecar 神经元特定参数空间的起搏特性；为刻画 Morris-Lecar 神经元的记忆特征，Shi 等人提出了分数维 Morris-Lecar 神经元模型。在 Morris-Lecar 神经元同步研究中，线性反馈控制、自适应 H 无穷控制等同步控制算法分别实现了耦合 Morris-Lecar 神经元的同步。

本章研究 Morris-Lecar 神经元的抗干扰同步控制问题。因生物神经元膜电位信号是微弱的电信号，故神经元膜电位对干扰非常敏感，实现神经元膜电位之间的同步必然要求同步控制算法具有较强的抵抗扰动的能力以保证同步效果。基于对象模型的控制器设计方法，对模型信息依赖大而鲁棒性不佳。实际上，"控制问题就是抗扰问题"，基于抗扰思想设计系统控制算法越来越受到控制界的重视，各种抗扰方法相继提出。20 世纪 90 年代，中科院系统所韩京清研究员反思自动控制的本质，基于不变性原理和仿真研究的实验方法提出了以主动抗扰为核心的自抗扰控制技术；与此同时基于主动补偿的抗干扰控制方法也由意大利学者 A. Tornambè 提出，该方法同样利用干扰观测器的思想，将系统的各种不确定性予以实时估计和补偿，以获得良好的机器手跟踪效果。

因基于主动补偿的抗干扰控制和自抗扰控制的鲁棒性强，易于实现，本章给出了基于主动补偿的抗干扰控制方法和自抗扰控制分别实现两个耦合 Morris-Lecar 神经元同步的结果。

7.2 Morris-Lecar 神经元模型

Morris-Lecar 神经元模型可表示为如下的二维动力学方程：

$$
\begin{cases}
C\dfrac{\mathrm{d}V}{\mathrm{d}t} = I_{\mathrm{ext}} - g_{\mathrm{L}}(V - V_{\mathrm{L}}) - g_{\mathrm{Ca}}\beta(V)(V - V_{\mathrm{Ca}}) - \\
\qquad\qquad g_{\mathrm{K}}n(V - V_{\mathrm{K}}) \\
\dfrac{\mathrm{d}n}{\mathrm{d}t} = \tau(V)(\alpha(V) - n)
\end{cases}
\tag{7-1}
$$

其中，

$$
\begin{cases}
\alpha(V) = 0.5\{1 + \tanh[(V - V_3)/V_4]\} \\
\beta(V) = 0.5\{1 + \tanh[(V - V_1)/V_2]\} \\
\tau(V) = \phi\cosh[(V - V_3)/V_4]
\end{cases}
$$

式中，V_{K}、V_{Ca}、V_{L} 为钾、钙和漏电流的反电势；g_{K}、g_{Ca}、g_{L} 为最大电导；C 为膜电容。各变量取值见表 7-1。

表 7-1　Morris-Lecar 神经元变量参数

变　量	取　值	变　量	取　值
C	5	V_{K}	−80
g_{L}	2	ϕ	1/15
V_{L}	−60	v_1	−1.2
g_{Ca}	4	v_2	18
V_{Ca}	120	v_3	2
g_{K}	8	v_4	17.4

7.3 Morris-Lecar 神经元的放电特性

外加电场为不同值时系统的放电特性不同，考察 $I_{ext} = 50\text{mA}$ 及 $I_{ext} = 200\text{mA}$ 时的 Morris-Lecar 神经元的放电特性（图7-1）。

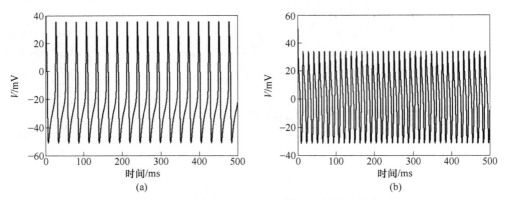

图 7-1 I_{ext} 不同时 Morris-Lecar 神经元的放电状态

（a）$I_{ext} = 50$ 时的神经元放电；（b）$I_{ext} = 200$ 时的神经元放电

7.4 Morris-Lecar 神经元的同步问题描述

定义主、从 Morris-Lecar 神经元为：

$$\begin{cases} C\dfrac{dV_m}{dt} = I_{ext,m} - g_L(V_m - V_L) - g_{Ca}\beta(V_m)(V_m - V_{Ca}) - \\ \qquad g_K n_m(V_m - V_K) \\ \dfrac{dn_m}{dt} = \tau(V_m)(\alpha(V_m) - n_m) \end{cases} \tag{7-2}$$

$$\begin{cases} C\dfrac{dV_s}{dt} = I_{exts} - g_L(V_s - V_L) - g_{Ca}\beta(V_s)(V_s - V_{Ca}) - \\ \qquad g_K n_s(V_s - V_K) + u \\ \dfrac{dn_s}{dt} = \tau(V_s)(\alpha(V_s) - n_s) \end{cases} \tag{7-3}$$

Morris-Lecar 神经元膜电位同步问题可描述为：设计适当的控制算法，使神经元膜电位同步，即设计 u，使 $\lim\limits_{t \to \infty}(V_m - V_s) = 0$。

7.5 基于主动补偿的抗干扰同步设计

7.5.1 同步结构及抗干扰控制律

设计基于主动补偿的抗干扰同步控制器，使 Morris-Lecar 生物神经元的膜电位获得同步，同步控制结构如图 7-2 所示。

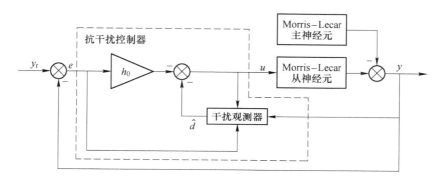

图 7-2 Morris-Lecar 神经元的抗干扰同步结构

相对阶为一阶时，图 7-2 中抗干扰控制律为：

$$\begin{cases} u = -h_0(y - y_r) - \hat{d} \\ \dot{\hat{d}} = \xi + k_0(y - y_r) \\ \dot{\xi} = -k_0\xi - k_0^2(y - y_r) - k_0 u \end{cases} \quad (7\text{-}4)$$

式中，h_0、k_0 为控制器的可调参数；$\hat{d}$ 为扰动观测器，用于实时估计系统的不确定性因素。

令 $e_V = V_s - V_m$，$e_n = n_s - n_m$，设计基于主动补偿的抗干扰同步控制器 u，使 $e_V \to 0$，$e_n \to 0$。

7.5.2 Morris-Lecar 生物神经元的抗干扰同步效果

为检验抗干扰控制的同步效果，设计两组实验。第一组，与文献［10］取相同的初始条件，对比所得同步结果；第二组，加入阶跃干扰，检验抗干扰控制的同步效果。

第一组 无干扰情形下的同步。

控制器参数及误差绝对值积分（Integral of Absolute Error，IAE）指标如表 7-2 所示。

表 7-2　控制器参数及 IAE 指标

控制参数	取　值	IAE 指标	数　值
k_1	20	IAE$_1$	54.8219
k_2	20		
k_0	-6	IAE$_0$	15.7780
h_0	1		

　　表 7-2 中，k_1、k_2 为文献 [10] 中两个控制器的参数，IAE$_1$ 为文献 [10] 控制器作用下，膜电位的误差绝对值积分指标；h_0、k_0 为抗干扰控制器参数，IAE$_0$ 为抗干扰控制器作用下，膜电位的误差绝对值积分指标。控制效果如图 7-3 所示。

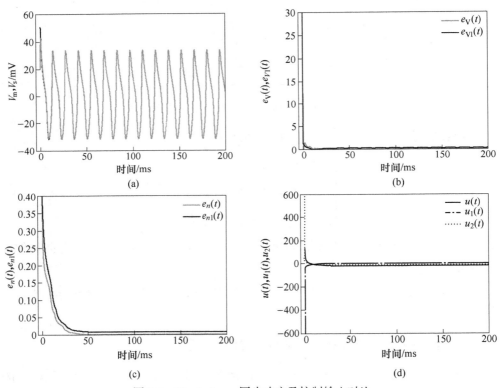

图 7-3　Morris-Lecar 同步响应及控制输入对比

　　图 7-3（a）为抗干扰控制的同步效果，图 7-3（b）为文献 [10] 的同步偏差与抗干扰控制的同步偏差对比，e_V 为抗干扰同步膜电位偏差，e_{V1} 为文献 [10] 的同步偏差；图 7-3（c）为抗干扰控制的偏差 e_n 与文献 [10] 的偏差 e_{n1} 对比；图 7-3（d）为抗干扰控制输入 u 与文献 [10] 的两个控制输入 u_1 和

u_2的对比。

从表7-2和图7-3的对比结果可以看出：与文献［10］所用两个控制器相比，抗干扰控制器仅用一个控制输入就能获得更小的同步偏差和膜电位误差绝对值积分指标。

为获得干扰存在时的同步控制结果，加入阶跃干扰，对比文献［10］所提控制算法与抗干扰控制的同步效果。

第二组 干扰存在时的同步。

控制器参数及误差绝对值积分指标见表7-3。

表7-3 控制器参数及 IAE 指标（干扰存在时）

控制参数	取 值	IAE 指标	数 值
k_1	20	IAE$_1$	274. 2048
k_2	20		
k_0	−6	IAE$_0$	6. 1724
h_0	1		

表7-3 中，k_1、k_2、h_0、h_1、IAE$_1$、IAE$_0$的含义与表7-2 相同。控制作用于200ms 加入，干扰作用于400ms 施加，仿真时间为600ms，同步控制效果如图7-4所示。

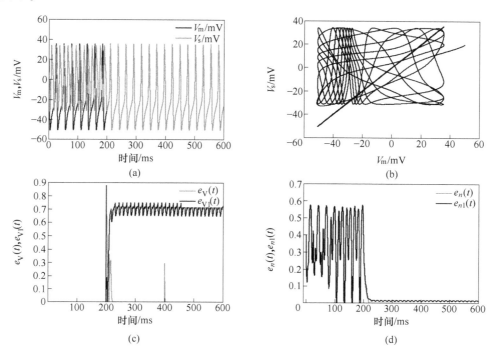

(a)

(b)

(c)

(d)

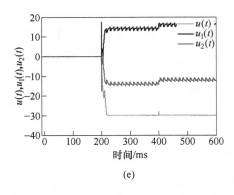
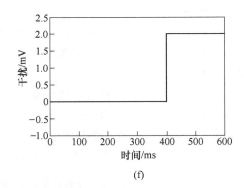

图 7-4   Morris-Lecar 同步响应及控制输入对比（干扰存在时）

（a）阶跃干扰存在时 V_m 与 V_s 的同步响应；（b）阶跃干扰存在时 V_m 与 V_s 的同步相轨迹；
（c）阶跃干扰存在时 V_m 与 V_s 的同步偏差对比；（d）阶跃干扰存在时 n_m 与 n_s 的同步偏差对比；
（e）阶跃干扰存在时同步控制输入对比；（f）阶跃干扰

图 7-4 表明干扰存在时，抗干扰控制作用下，因扰动观测器对干扰的实时估计，在控制律中予以实时补偿，Morris-Lecar 神经元同步具有很强的鲁棒性。

7.5.3   小结

本节运用基于主动补偿的抗干扰控制研究 Morris-Lecar 神经元的同步问题，通过干扰存在和干扰不存在时的数值实验结果验证了抗干扰控制算法具有良好的同步控制效果和抗干扰性能。

7.6   基于线性自抗扰的 Morris-Lecar 生物神经元同步设计

采用抗扰动能力强的同步控制算法能极大地提高生物神经元膜电位同步的抗扰能力。自抗扰控制就是一种不依赖于精确模型信息的控制算法，是 20 世纪 80 年代末，中科院系统所韩京清研究员在反思"控制理论——模型论还是控制论"之后，理清控制问题的本质，逐步建立起来的一套以主动抗扰为核心思想的控制方法。目前，已有诸多关于自抗扰控制的理论和应用研究。

然而，自抗扰控制需整定的参数较多，对参数整定经验的依赖较大。为降低自抗扰控制参数整定的难度，华人学者高志强提出了线性自抗扰控制方法，并给出了带宽参数化的参数整定方法。本节针对 Morris-Lecar 神经元的膜电位同步问题，设计线性自抗扰控制实现两个耦合 Morris-Lecar 神经元的膜电位同步。

7.6.1   二阶线性自抗扰控制律

本节使用二阶线性自抗扰控制实现主从 Morris-Lecar 神经元的膜电位同步，

控制律为:

$$u = \frac{k_{\mathrm{p}}(y_{\mathrm{r}} - z_1) - z_2}{b_0} \tag{7-5}$$

扩张状态观测器为:

$$\begin{cases} \dot{z}_1 = z_2 + l_1(y - z_1) + b_0 u \\ \dot{z}_2 = l_2(y - z_1) \end{cases} \tag{7-6}$$

令 $\boldsymbol{z} = [z_1, z_2]^{\mathrm{T}}$, $e_o = y - z_1$, 则扩张状态观测器可写为:

$$\dot{\boldsymbol{z}} = \boldsymbol{A}_o \boldsymbol{z} + \boldsymbol{B}_o u + \boldsymbol{L} e_o \tag{7-7}$$

式中, $\boldsymbol{A}_o = \begin{bmatrix} 0 & 1 \\ 0 & 0 \end{bmatrix}$, $\boldsymbol{B}_o = \begin{bmatrix} 0 \\ b_0 \end{bmatrix}$, $\boldsymbol{L} = \begin{bmatrix} l_1 \\ l_2 \end{bmatrix}$。

7.6.2　Morris-Lecar 神经元线性自抗扰同步的闭环稳定性

设计线性自抗扰控制算法,在从神经元上施加控制作用,以获得主从 Morris-Lecar 神经元的膜电位同步,同步控制结构如图 7-5 所示。

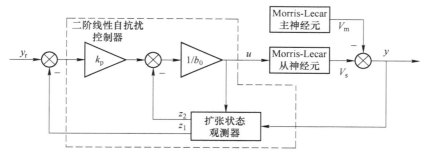

图 7-5　Morris-Lecar 神经元的线性自抗扰同步结构

令 $\boldsymbol{x}_1 = [V_{\mathrm{m}}, n_{\mathrm{m}}]^{\mathrm{T}}$, $\boldsymbol{x}_2 = [V_{\mathrm{s}}, n_{\mathrm{s}}]^{\mathrm{T}}$, 于是主、从神经元模型可写为:

$$\begin{cases} \dot{\boldsymbol{x}}_1 = \boldsymbol{A}\boldsymbol{x}_1 + \boldsymbol{F}(\boldsymbol{x}_1) \\ \dot{\boldsymbol{x}}_2 = \boldsymbol{A}\boldsymbol{x}_2 + \boldsymbol{F}(\boldsymbol{x}_2) + \boldsymbol{B}u \end{cases} \tag{7-8}$$

其中,

$$\boldsymbol{A} = \begin{bmatrix} \dfrac{-g_{\mathrm{L}}}{C} & 0 \\ 0 & 0 \end{bmatrix}, \quad \boldsymbol{B} = \begin{bmatrix} 1 \\ 0 \end{bmatrix}$$

$$\boldsymbol{F}(\boldsymbol{x}_1) = \begin{bmatrix} f_1(\boldsymbol{x}_1) \\ f_2(\boldsymbol{x}_1) \end{bmatrix}, \quad \boldsymbol{F}(\boldsymbol{x}_2) = \begin{bmatrix} f_1(\boldsymbol{x}_2) \\ f_2(\boldsymbol{x}_2) \end{bmatrix}$$

$$f_1(\boldsymbol{x}_1) = \frac{I_{\mathrm{ext,m}} + g_{\mathrm{L}} V_{\mathrm{L}} - g_{\mathrm{Ca}}\beta(V_{\mathrm{m}})(V_{\mathrm{m}} - V_{\mathrm{Ca}}) - g_{\mathrm{K}} n_{\mathrm{m}}(V_{\mathrm{m}} - V_{\mathrm{K}})}{C}$$

$$f_1(\boldsymbol{x}_2) = \frac{I_{\text{ext,s}} + g_L V_L - g_{Ca}\beta(V_s)(V_s - V_{Ca}) - g_K n_s(V_s - V_K)}{C}$$

$$f_2(\boldsymbol{x}_1) = \tau(V_m)(\alpha(V_m) - n_m)$$

$$f_2(\boldsymbol{x}_2) = \tau(V_s)(\alpha(V_s) - n_s)$$

考虑干扰对同步的影响，式（7-8）可写为：

$$\begin{cases} \dot{\boldsymbol{x}}_1 = \boldsymbol{A}\boldsymbol{x}_1 + \boldsymbol{F}(\boldsymbol{x}_1) \\ \dot{\boldsymbol{x}}_2 = \boldsymbol{A}\boldsymbol{x}_2 + \boldsymbol{F}(\boldsymbol{x}_2) + \boldsymbol{B}d + \boldsymbol{B}u \end{cases} \tag{7-9}$$

式中，d 为有界干扰信号。

令 $\boldsymbol{e}_c = \boldsymbol{x}_2 - \boldsymbol{x}_1 = \begin{bmatrix} e_1 \\ e_2 \end{bmatrix} = \begin{bmatrix} V_s - V_m \\ n_s - n_m \end{bmatrix}$ 为同步偏差，由式（7-9）可得 Morris-Lecar

神经元膜电位的同步偏差方程：

$$\dot{\boldsymbol{e}}_c = \boldsymbol{A}\,\boldsymbol{e}_c + \boldsymbol{F}(\boldsymbol{x}_2) - \boldsymbol{F}(\boldsymbol{x}_1) + \boldsymbol{B}d + \boldsymbol{B}u$$

即

$$\begin{cases} \dot{e}_1 = \dfrac{-g_L}{C}e_1 + f_1(\boldsymbol{x}_2) - f_1(\boldsymbol{x}_1) + d + u \\ \dot{e}_2 = f_2(\boldsymbol{x}_2) - f_2(\boldsymbol{x}_1) \end{cases} \tag{7-10}$$

式（7-10）中第一个同步偏差方程：

$$\dot{e}_1 = \frac{-g_L}{C}e_1 + f_1(\boldsymbol{x}_2) - f_1(\boldsymbol{x}_1) + d + u$$

$$= \frac{-g_L}{C}e_1 + f_1(\boldsymbol{x}_2) - f_1(\boldsymbol{x}_1) + d + (1 - b_0)u + b_0 u$$

$$= G(e_1, \boldsymbol{x}_1, \boldsymbol{x}_2, u, d) + b_0 u \tag{7-11}$$

其中，$G(e_1, \boldsymbol{x}_1, \boldsymbol{x}_2, u, d)$ 可认为是包含系统内部动态和外部干扰信号的总扰动。

由图 7-5 可知 $y = V_s - V_m$。扩张状态观测器的输出 z_1 估计偏差系统的输出 $y = V_s - V_m$，也就是同步偏差 e_1；z_2 估计系统的总扰动 $G(\cdot)$。

令 $h = \dot{G}(\cdot)$，于是有：

$$\begin{cases} \dot{e}_1 = G(e_1, \boldsymbol{x}_1, \boldsymbol{x}_2, u, d) + b_0 u \\ \dot{G}(\cdot) = h \end{cases} \tag{7-12}$$

令 $\boldsymbol{\varepsilon} = \begin{bmatrix} \varepsilon_1 \\ \varepsilon_2 \end{bmatrix} = \begin{bmatrix} e_1 - z_1 \\ G - z_2 \end{bmatrix}$ 为扩张状态观测器的观测偏差，那么，式（7-12）

减去式（7-6），可得扩张状态观测器的观测偏差方程为：

$$\dot{\boldsymbol{\varepsilon}} = \boldsymbol{A}_\varepsilon \boldsymbol{\varepsilon} + \boldsymbol{E}h \tag{7-13}$$

式中，$A_\varepsilon = \begin{bmatrix} -l_1 & 1 \\ -l_2 & 0 \end{bmatrix}$，$E = \begin{bmatrix} 0 \\ 1 \end{bmatrix}$。

引理 1　若 h 关于 $\boldsymbol{x}_1$、$\boldsymbol{x}_2$ 是全局 Lipschitz 的，则可选择扩张状态观测器增益 $\boldsymbol{L} = [l_1, l_2]^{\mathrm{T}}$，使观测偏差渐近收敛为零，即 $\lim\limits_{t \to \infty} \varepsilon_1 = \lim\limits_{t \to \infty} \varepsilon_2 = 0$。

引理 2　若扩张状态观测器的观测偏差渐近收敛到零，则存在合适的控制参数使闭环系统的跟踪误差渐近收敛到零。

定理　若 h 关于 $\boldsymbol{x}_1$、$\boldsymbol{x}_2$ 是全局 Lipschitz 的，可选择合适的扩张状态观测器参数 $\boldsymbol{L} = [l_1, l_2]^{\mathrm{T}}$ 及控制参数 k_{p}，使 Morris-Lecar 神经元膜电位的同步偏差系统 (7-10) 渐近稳定，实现膜电位的渐近同步。

证明　将线性自抗扰控制律式（7-5）代入式（7-11），考虑到同步问题中 $y_{\mathrm{r}} = 0$，有：

$$\dot{e}_1 = G(e_1, \boldsymbol{x}_1, \boldsymbol{x}_2, u, d) + b_0 u = -k_{\mathrm{p}} z_1 + \varepsilon_2$$
$$= -k_{\mathrm{p}} e_1 + k_{\mathrm{p}} \varepsilon_1 + \varepsilon_2$$

即：

$$\dot{e}_1 = -k_{\mathrm{p}} e_1 + k_{\mathrm{p}} \varepsilon_1 + \varepsilon_2 \tag{7-14}$$

选择合适的扩张状态观测器参数 $\boldsymbol{L} = [l_1, l_2]^{\mathrm{T}}$ 可使观测偏差收敛到零，同时选取合适的控制参数 k_{p} 可使（7-14）式的跟踪误差渐近收敛到零，即 V_{s} 跟踪 V_{m} 的偏差渐近为零。

在控制作用 u 的作用下，$e_1 = V_{\mathrm{s}} - V_{\mathrm{m}} = 0$ 时，也就是说 $V_{\mathrm{m}} = V_{\mathrm{s}}$ 时，有：

$$\dot{e}_2 = f_2(\boldsymbol{x}_2) - f_2(\boldsymbol{x}_1)$$
$$= \tau(V_{\mathrm{s}})(\alpha(V_{\mathrm{s}}) - n_{\mathrm{s}}) - \tau(V_{\mathrm{m}})(\alpha(V_{\mathrm{m}}) - n_{\mathrm{m}})$$
$$= \tau(V_{\mathrm{m}})(\alpha(V_{\mathrm{m}}) - n_{\mathrm{s}} - \alpha(V_{\mathrm{m}}) + n_{\mathrm{m}})$$
$$= \tau(V_{\mathrm{m}})(n_{\mathrm{m}} - n_{\mathrm{s}})$$
$$= -\tau(V_{\mathrm{m}}) e_2$$

因 $\tau(V) = \phi \cosh((V - v_3)/v_4)$，故：

$$\tau(V) = \phi \cosh(\cdot) = \phi \frac{\exp(\cdot) + \exp^{-1}(\cdot)}{2} \geqslant \phi > 0$$

于是，Morris-Lecar 神经元膜电位同步偏差系统的零动态是渐近稳定的。

因此，选择合适的扩张状态观测器参数 $\boldsymbol{L} = [l_1, l_2]^{\mathrm{T}}$ 及控制参数 k_{p}，可实现 Morris-Lecar 神经元膜电位的渐近同步。

7.6.3　Morris-Lecar 神经元的线性自抗扰同步效果

为检验线性自抗扰控制的同步效果，与文献［10］取相同的初始条件，设计两组实验：第一组，没有干扰时，对比同步效果；第二组，加入正弦干扰，检验线性自抗扰控制的同步效果。

自抗扰控制参数按带宽参数化的选取方法，令控制带宽 ω_c，扩张状态观测器带宽 ω_o 以及控制参数 k_p 之间的关系为：$k_p = \omega_c$，$\omega_o = 6\omega_c$。

第一组　无干扰情形下的同步。

控制参数及同步误差绝对值积分（Integral of Absolute Error，IAE）指标如表 7-4 所示。

表 7-4　控制参数及 IAE 指标

控制参数	取　值	IAE 指标	数　值
k_1	20	IAE_1	54.8219
k_2	20		
ω_c	25	IAE_0	11.9422
b_0	−50		

表 7-4 中，k_1、k_2 为文献 [10] 中两个控制器的参数，IAE_1 为文献 [10] 控制器作用下，膜电位的同步误差绝对值积分指标；ω_c、b_0 为线性自抗扰控制器参数，IAE_0 为线性自抗扰控制作用下，膜电位的同步误差绝对值积分指标。同步效果及控制输入对比如图 7-6 所示。图 7-6（a）为线性自抗扰控制的同步效果；图 7-6（b）为文献 [10] 的同步偏差与线性自抗扰控制的同步偏差对比，e_V 为线性自抗扰控制的膜电位同步偏差，e_{V1} 为文献 [10] 的同步偏差；图 7-6（c）为线性自抗扰控制的偏差 e_n 与文献 [10] 的偏差 e_{n1} 对比；图 7-6（d）为线性自抗扰控制输入 u 与文献 [10] 的两个控制输入 u_1 和 u_2 的对比。

从表 7-4 和图 7-6 的对比结果可以看出：与文献 [10] 所用两个控制器相比，线性自抗扰控制器仅用一个控制输入就能获得更小的同步偏差和膜电位误差绝对值积分指标。

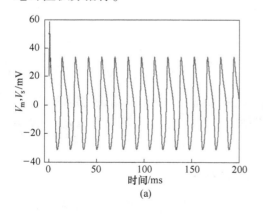

(a)

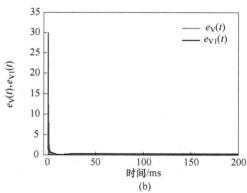

(b)

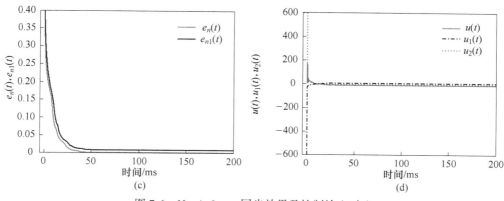

图 7-6 Morris-Lecar 同步效果及控制输入对比

为获得干扰存在时的同步控制结果，加入阶跃干扰，对比文献 [10] 所提控制算法与抗干扰控制的同步效果。

第二组 干扰存在时的同步。

控制器参数及误差绝对值积分指标如表 7-5 所示。

表 7-5 控制器参数及 IAE 指标（正弦干扰存在时）

控制参数	取 值	IAE 指标	数 值
k_1	20	IAE_1	274.2048
k_2	20		
ω_c	25	IAE_0	39.5427
b_0	−50		

表 7-5 中，k_1、k_2、ω_c、b_0、IAE_1、IAE_0 的含义与表 7-4 相同。控制作用于 200ms 加入，干扰作用于 400ms 施加，仿真时间为 600ms，同步控制效果如图 7-7 所示。

图 7-7 表明干扰存在时，线性自抗扰控制中的扩张状态观测器能够实时估计干扰信号并在控制律中予以补偿，从而保证神经元膜电位同步具有很强的鲁棒性。

7.6.4 小结

本节运用线性自抗扰控制研究了 Morris-Lecar 神经元膜电位的同步问题。从理论上分析了选择合适的扩张状态观测器参数和控制参数，线性自抗扰控制能够获得神经元膜电位的渐近同步；同时，通过数值实验验证了干扰存在和干扰不存在时线性自抗扰控制均具有良好的同步效果。不依赖于生物神经元的精确模型使得线性自抗扰控制在生物神经系统膜电位同步的研究中具有更好的效果和更广的应用前景。

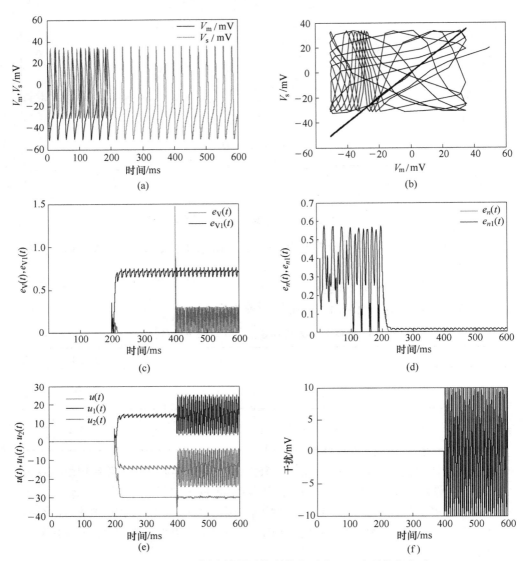

图 7-7 Morris-Lecar 同步效果及控制输入对比（正弦干扰存在时）

（a）正弦干扰存在时 V_m 与 V_s 的同步响应；（b）正弦干扰存在时 V_m 与 V_s 的同步相轨迹；

（c）正弦干扰存在时 V_m 与 V_s 的同步偏差对比；（d）正弦干扰存在时 n_m 与 n_s 的同步偏差对比；

（e）正弦干扰存在时同步控制输入对比；（f）正弦干扰

7.7 本章小结

本章研究了 Morris-Lecar 神经元系统的抗干扰同步问题，设计基于主动补偿的抗干扰同步以及线性自抗扰同步获得了鲁棒性强的神经元膜电位同步。数值仿真结果表明，本章所设计的两种抗扰控制方法在 Morris-Lecar 神经元系统同步中是有效的。

参 考 文 献

［1］ Womelsdorf T, Fries P. The role of neuronal synchronization in selective attention ［J］. Current Opinion in Neurobiology, 2007, 17（2）：154-160.

［2］ Hodgkin L, Huxley A F. A quantitative description of membrane and its application to conduction and excitation in nerve ［J］. The Journal of Physiology, 1952, 117：500-544.

［3］ FitzhHugh R. Thresholds and plateaus in Hodgkin-Huxley nerve equations ［J］. The Journal of General Physiology, 1960, 43：867-896.

［4］ Hindmarsh J L, Rose R. A model of neuronal bursting using 3 coupled 1st order differential-equations ［J］. Proceedings of Royal Society of London B Biological Sciences, 1984, 221：81-102.

［5］ Doiron B, Laing C, Longtin A. Ghostbursting：A novel neuronal burst mechanism ［J］. Journal of Computational Neuroscience, 2002, 12：5-25.

［6］ Comejo-Pérez O, Femat R. Unidirectional synchronization of Hodgkin-Huxley neurons ［J］. Chaos, Solitons and Fractals, 2005, 25：43-53.

［7］ Ahmet U, Karl E, Lonngren E W. Synchronization of the coupled FitzHugh-Nagumo systems ［J］. Chaos, Solitons and Fractals, 2004, 20：1085-1090.

［8］ Li H Y, Wong Y K, Chan W L, et al. Synchronization of Ghostburster neurons under external electrical stimulation via adaptive neural network H_∞ control ［J］. Neurocomputing, 2010, 74：230-238.

［9］ Wang Jiang, Lu Meili, Ye Xiaowei, et al. Asymptotic behavior of Morris-Lecar system ［J］. Nonlinear analysis：real world applications, 2008, 9（3）：852-857.

［10］ Wang Jiang, Lu Meili, Li Huiyan. Synchronization of coupled equations of Morris-Lecar model ［J］. Communications in Nonlinear Science and Numerical Simulation, 2008, 13（6）：1169-1179.

［11］ González-Miranda J M. Pacemaker dynamics in the full Morris-Lecar model ［J］. Communications in Nonli- near Science and Numerical Simulation, 2014.

［12］ Shi Min, Wang Zaihui. Abundant bursting patterns of a fractional-order Morris-Lecar neuron model ［J］. Communications in Nonlinear Science and Numerical Simulation, 2014, 19（6）：1956-1969.

［13］ Chen Y Y, Wang Jiang, Che Y Q, et al. Unidirectional synchronization of morris-lecar neurons via adaptive H_∞ control ［C］//Proceedings of the 29th Chinese Control Conference. Beijing, China, 2010：749-754.

［14］ 高志强. 控制工程的抗扰范式 ［C］//第 29 届中国控制会议. 北京, 2010：6071-6076.

[15] 韩京清 . 一类不确定对象的扩张状态观测器 [J]. 控制与决策, 1995, 10（1）: 85-88.

[16] 韩京清 . 自抗扰控制器及其应用 [J]. 控制与决策, 1998, 13（1）: 19-23.

[17] 韩京清 . 自抗扰控制技术 [M]. 北京: 国防工业出版社, 2008.

[18] Tornambè A, Valigi P. A decentralized controller for the robust stabilization of a class of MIMO dynamical systems [J]. Journal of Dynamic Systems, Measurement, and Control, 1994, 116 （2）: 293-304.

[19] Chay T R. Chaos in a three-variable model of an excitable cell [J]. Physica D, 1985, 16: 233-242.

[20] Le Hoa Nguyen, Keum-Shik Hong. Synchronization of coupled chaotic FitzHugh-Nagumo neurons via Lyapunov functions [J]. Mathematics and Computers in Simulation, 2011, 82: 590-603.

[21] 韩京清 . 控制理论——模型论还是控制论 [J]. 系统科学与数学, 1989, 9（4）: 328-335.

[22] 黄一, 薛文超 . 自抗扰控制纵横谈 [J]. 系统科学与数学, 2011, 31（9）: 1111-1129.

[23] 黄一, 薛文超 . 自抗扰控制: 思想、应用及理论分析 [J]. 系统科学与数学, 2012, 32 （10）: 1287-1307.

[24] Gao Z Q. Scaling and Bandwidth-Parameterization Based Controller Tuning [C] //Proceedings of the 2003 American Control Conference. Denver, Colorado USA: IEEE, 2003: 4989-4996.

[25] 陈增强, 孙明玮, 杨瑞光 . 线性自抗扰控制器的稳定性研究 [J]. 自动化学报, 2013, 39（5）: 574-580.

8　Hodgkin-Huxley 神经系统的抗干扰同步

本章研究了两个 Hodgkin-Huxley（HH）生物神经元系统在外加电场影响下的同步问题，设计基于主动补偿的抗扰控制以及线性自抗扰控制实现两个 HH 生物神经元系统的放电同步。所设计的控制器因具有主动干扰估计和补偿能力，使得外部干扰对闭环同步系统的性能影响很小。仿真结果表明抗干扰控制对 HH 生物神经系统同步是有效的。

8.1　引言

尽管混沌的发现归功于美国气象学家洛仑兹，但是混沌理论的兴起还要追溯到生物领域率先提出的简单数学模型。进入 21 世纪后，生物非线性动力学研究成为生命科学与数理科学交叉结合的重要生长点和研究热点。

神经系统是由众多的神经细胞（或称作神经元）组成的庞大而复杂的信息网络，通过对信息的处理、编码、整合，转变为传出冲动，从而联络和调节机体的各系统和器官的功能。神经元作为神经系统的基本功能和单位，能感受刺激和传导兴奋。电生理实验表明神经元具有高度的非线性，在不同 Ca^{2+} 离子浓度或者不同幅度的外界直流电刺激下能表现出丰富的放电模式，如周期的峰放电和簇放电、混沌的峰放电和簇放电。研究神经元的放电模式的产生以及神经信息在神经元之间的传递过程就需要非线性动力学的理论和方法。

近年来，国际上出现了以神经生理学与非线性动力学相结合的神经动力学。神经元对信息的处理和加工是神经元集群共同完成的，神经元集群能以同步的方式反映共同的突触流。科学家们已经在视觉的脑皮层里观察到了神经元同步的激发模式。为了更好地理解生物神经元的同步机制，有必要从非线性动力学的角度，借助于现有的神经元动力学模型，从理论上研究生物神经系统的同步问题。

随着非线性动力学理论引入到神经科学中，神经元的同步问题也逐步展开，各种同步方法得到了广泛的研究。实际当中，神经元同步过程存在多种不确定因素，因此有必要对存在各种不确定性的同步问题展开讨论。另外，随着各种先进控制方法应用于混沌同步控制问题，也期望具有更强适应性的同步方法应用于神经元同步问题的研究中。本章正是从这个角度出发，力求设计结构简单适应性强的同步控制器，实现 HH 生物神经元系统的同步控制。

8.2　HH 神经元模型

20 世纪 50 年代，霍治金（Hodgkin）和赫胥黎（Huxley）对神经轴突的研究奠定了神经冲动和传导的实验和理论基础，它不仅对各种神经轴突具有普遍意义，同时也揭示了各种可兴奋细胞的一些共同基本规律。经过大量的实验和分析，提出了能很好地表征轴突电位变化规律的霍治金-赫胥黎方程，简称 HH 方程，HH 神经元模型非常接近现实的神经元，利用这一方程，可以计算膜电流、膜电位和膜电导以及某些离子活化和失活的概率等在动作电位不同时的变化。

1984 年，K. Aihara 等人对 HH 方程进行了修正，修正后的 HH 方程已被广泛用于神经元动力学的研究。基于不同的参数取值，HH 方程呈现出不同的动力学行为，如分岔和混沌。近年来，考虑了电磁场影响的 HH 模型引起了广泛关注，其动力学方程可用下面由 4 个变量耦合作用组成的常微分方程组表示：

$$\begin{cases} C_m \dfrac{dV}{dt} = I_{ext}(t) - [\, G_{Na} m^3 h(V + V_E - V_{Na}) + \\ \qquad\qquad G_K n^4 (V + V_E - V_K) + G_L(V + V_E - V_L)\,] \\ \dfrac{dx}{dt} = \alpha_x(V)(1 - x) - \beta_x(V)x \qquad (x = n,\ m,\ h) \end{cases} \tag{8-1}$$

式中，C_m 为膜电容，$\mu F/cm^2$；G_{Na}、G_K、G_L 分别表示各通道的最大电导，均为常数；V_{Na}、V_K、V_L 分别表示膜内外 Na^+ 离子和 K^+ 浓度差引起的浓度差电位以及其他通道各种离子引起的有效可逆电位。上述参数具体数值可参见文献［1］。$V_E = B\sin(2\pi ft)$ 代表外加电场的影响；$I_{ext}(t)$ 表示外加周期电流的刺激。V 为膜电位，mV；n 为 K^+ 离子通道中每个门打开的概率；m 为 Na^+ 离子通道中每个门打开的概率；h 为 Na^+ 离子通道中另一种门打开的概率；$\alpha_x(V)$ 和 $\beta_x(V)$ 为依赖于膜电位 V 的函数，其方程分别具有如下形式：

$$\begin{cases} \alpha_n(V) = 0.01(V + 10)\Big/\exp\left(\dfrac{V + 10}{10} - 1\right) \\ \beta_n(V) = 0.125\exp(V/80) \\ \alpha_m(V) = 0.1(V + 25)\Big/\exp\left(\dfrac{V + 25}{10} - 1\right) \\ \beta_m(V) = 4\exp(V/18) \\ \alpha_h(V) = 0.07\exp(V/20) \\ \beta_h(V) = \left(\exp\dfrac{V + 30}{10} - 1\right)^{-1} \end{cases} \tag{8-2}$$

方程（8-1）可通过轴突膜的等效电路（图 8-1）建立。各通道中等效电路的电动势是细胞膜内、外各离子浓度差引起的浓度差电位。

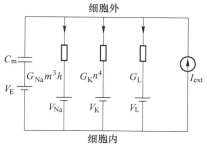

图 8-1 HH 方程的等效电路

8.3 HH 神经元的放电特性

图 8-2 为 HH 神经元模型在周期振荡状态（图 8-2(a) 和图 8-2(c)）和混沌状态（图 8-2(b) 和图 8-2（d））时的动态响应特性曲线，ω 的取值分别为 $\omega = 0.72$ 和 $\omega = 0.74$（其中图 8-2(a) 和图 8-2(b) 表示神经元的模电压幅值 V 的响应曲线，图 8-2(c) 和图 8-2(d) 表示 V-m 相轨迹）。

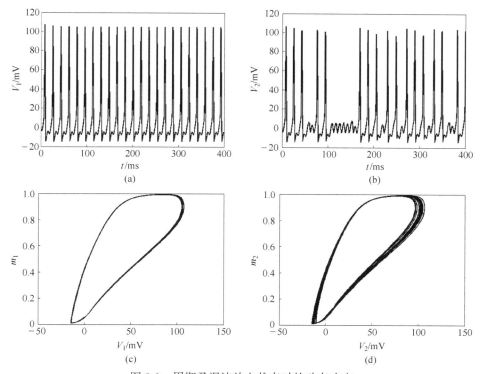

图 8-2 周期及混沌放电状态时的动态响应

8.4　HH 神经元的同步问题描述

不失一般性，重新定义 HH 动力学方程（8-1），考虑两个具有不同初始条件及参数的 HH 神经元动力学系统，分别以脚标"1"和"2"代表主系统和从系统，并以 $z_{i,1}$ 和 $z_{i,2}(i=1，2，3，4)$ 表示神经元动力学系统的 4 个状态变量 V、n、m 和 h，那么基于方程（8-1）可得到如下两个神经元动力学方程：

$$
\begin{cases}
\dot{z}_{1,1} = -G_{\mathrm{Na},1}z_{3,1}^3z_{4,1}[z_{1,1}-V_{\mathrm{Na},1}+V_{\mathrm{E},1}(z_{5,1})]/C_{\mathrm{m},1}- \\
\qquad G_{\mathrm{K},1}z_{2,1}^4[z_{1,1}-V_{\mathrm{K},1}+V_{\mathrm{E},1}(z_{5,1})]/C_{\mathrm{m},1}- \\
\qquad G_{\mathrm{L},1}[z_{1,1}-V_{\mathrm{L},1}+V_{\mathrm{E},1}(z_{5,1})]/C_{\mathrm{m},1}+I_{\mathrm{ext},1}(z_{5,1})/C_{\mathrm{m},1} \\
\dot{z}_{2,1} = \alpha_n(z_{1,1})(1-z_{2,1})-\beta_n(z_{1,1})z_{2,1} \\
\dot{z}_{3,1} = \alpha_m(z_{1,1})(1-z_{3,1})-\beta_m(z_{1,1})z_{3,1} \\
\dot{z}_{4,1} = \alpha_h(z_{1,1})(1-z_{4,1})-\beta_h(z_{1,1})z_{4,1} \\
\dot{z}_{5,1} = 1
\end{cases}
\tag{8-3}
$$

$$
\begin{cases}
\dot{z}_{1,2} = -G_{\mathrm{Na},2}z_{3,2}^3z_{4,2}[z_{1,2}-V_{\mathrm{Na},2}+V_{\mathrm{E},2}(z_{5,2})]/C_{\mathrm{m},2}- \\
\qquad G_{\mathrm{K},2}z_{2,2}^4[z_{1,2}-V_{\mathrm{K},2}+V_{\mathrm{E},2}(z_{5,2})]/C_{\mathrm{m},2}- \\
\qquad G_{\mathrm{L},2}[z_{1,2}-V_{\mathrm{L},2}+V_{\mathrm{E},2}(z_{5,2})]/C_{\mathrm{m},2}+I_{\mathrm{ext},2}(z_{5,2})/C_{\mathrm{m},2}+u \\
\dot{z}_{2,2} = \alpha_n(z_{1,2})(1-z_{2,2})-\beta_n(z_{1,2})z_{2,2} \\
\dot{z}_{3,2} = \alpha_m(z_{1,2})(1-z_{3,2})-\beta_m(z_{1,2})z_{3,2} \\
\dot{z}_{4,2} = \alpha_h(z_{1,2})(1-z_{4,2})-\beta_h(z_{1,2})z_{4,2} \\
\dot{z}_{5,2} = 1
\end{cases}
\tag{8-4}
$$

式中，u 为同步控制输入。

为数值计算方便，在系统式（8-3）和式（8-4）中定义时间变量 t 为系统的状态变量，即 $z_{5,j}=t(j=1，2)$。进一步，定义系统式（8-3）和式（8-4）之间的同步误差状态变量 $e_i=z_{i,2}-z_{i,1}(i=1，2，3，4，5)$，式（8-4）减去式（8-3）可得被控同步误差动力学系统：

$$
\begin{cases}
\dot{e}_1 = \Delta f_1 + \Delta I + u \\
\dot{e}_2 = \Delta f_2 \\
\dot{e}_3 = \Delta f_3 \\
\dot{e}_4 = \Delta f_4 \\
\dot{e}_5 = 0 \\
y = e_1
\end{cases}
\tag{8-5}
$$

其中

$$\begin{cases}
\Delta f_1 = G_{\text{Na},1} z_{3,1}^3 z_{4,1}(z_{1,1} - V_{\text{Na},1} + V_{\text{E},1})/C_{\text{m},1} + \\
\qquad G_{\text{K},1} z_{2,1}^4(z_{1,1} - V_{\text{K},1} + V_{\text{E},1})/C_{\text{m},1} + \\
\qquad G_{\text{L},1}(z_{1,1} - V_{\text{L},1} + V_{\text{E},1})/C_{\text{m},1} - \\
\qquad G_{\text{Na},2} z_{3,2}^3 z_{4,2}(z_{1,2} - V_{\text{Na},2} + V_{\text{E},2})/C_{\text{m},2} - \\
\qquad G_{\text{K},2} z_{2,2}^4(z_{1,2} - V_{\text{K},2} + V_{\text{E},2})/C_{\text{m},2} - \\
\qquad G_{\text{L},2}(z_{1,2} - V_{\text{L},2} + V_{\text{E},2})/C_{\text{m},2} \\
\Delta f_2 = \alpha_n(z_{1,2})(1 - z_{2,2}) - \beta_n(z_{1,2})z_{2,2} - \\
\qquad \alpha_n(z_{1,1})(1 - z_{2,1}) + \beta_n(z_{1,1})z_{2,1} \\
\Delta f_3 = \alpha_m(z_{1,2})(1 - z_{3,2}) - \beta_m(z_{1,2})z_{3,2} - \\
\qquad \alpha_m(z_{1,1})(1 - z_{3,1}) + \beta_m(z_{1,1})z_{3,1} \\
\Delta f_4 = \alpha_h(z_{1,2})(1 - z_{4,2}) - \beta_h(z_{1,2})z_{4,2} - \\
\qquad \alpha_h(z_{1,1})(1 - z_{4,1}) + \beta_h(z_{1,1})z_{4,1} \\
\Delta I = I_{\text{ext},2}/C_{\text{m},2} - I_{\text{ext},1}/C_{\text{m},1}
\end{cases} \tag{8-6}$$

进一步，定义坐标变换 $w_1 = e_1$，$v_i = e_i (i = 2, 3, 4, 5)$，式（8-5）可改写为

$$\begin{cases}
\dot{w}_1 = \Delta f_1 + \Delta I + u \\
\dot{v}_2 = \Delta f_2 \\
\dot{v}_3 = \Delta f_3 \\
\dot{v}_4 = \Delta f_4 \\
\dot{v}_5 = 0 \\
y = w_1
\end{cases} \tag{8-7}$$

膜电位同步误差 $e_1 = w_1$ 被选择为输出变量或测量变量，在系统式（8-7）中，w_1 被称为外部状态向量，$\boldsymbol{v} = (v_2, v_3, v_4, v_5)^{\text{T}}$ 称为内部状态向量，内部动态是不可控的。系统式（8-7）内部子系统是零动态稳定的。换句话说，系统（8-7）是最小相位系统，其未受控子系统（$v_{i,2}(i = 2, 3, 4, 5)$）是渐近稳定的。

从控制理论的观点看，要使得两神经元系统式（8-3）和式（8-4）实现同步，也就是控制同步误差轨迹趋于零。

8.5 基于主动补偿的抗干扰同步设计

8.5.1 基于主动补偿的抗干扰同步控制律设计

设计如下的基于主动补偿的抗干扰控制器：

$$u = - h_0 w_1 - \hat{d} \tag{8-8}$$

$$\begin{cases} \hat{d} = \xi + k w_1 \\ \dot{\xi} = - k \xi - k^2 w_1 - k u \end{cases} \tag{8-9}$$

其中，干扰观测器 $\hat{d}$ 实时观测（估计）同步误差系统（8-7）可控动态部分的不确定因素。控制器参数包括 h_0 和 k，h_0 为合适的正值常数，可根据期望的动态特性确定。$k = \mu$，μ 代表一个合适的正值常数。控制器由两部分组成：（1）与控制误差成比例的部分；（2）带有积分作用的对主神经元系统和从神经元系统可控动态不确定性的观测和补偿机构。

8.5.2　基于主动补偿的抗干扰闭环同步控制稳定性分析

定理　存在一个常数 $\mu^* > 0$，满足如果 $k > \mu^*$，闭环系统式（8-7）、式（8-8）、式（8-9）是渐近稳定的。

证明　为叙述简单，定义如下的变量：

$$\begin{cases} \boldsymbol{v} = (v_2, \ v_3, \ v_4, \ v_5)^{\mathrm{T}} \\ F_1(w_1, \ \boldsymbol{v}) = \Delta f_1 + \Delta I = d \\ \eta_2(w_1, \ \boldsymbol{v}) = \Delta f_2 \\ \eta_3(w_1, \ \boldsymbol{v}) = \Delta f_3 \\ \eta_4(w_1, \ \boldsymbol{v}) = \Delta f_4 \\ \boldsymbol{c}(w_1, \ \boldsymbol{v}) = \left[\eta_2(w_1, \ \boldsymbol{v}), \ \eta_3(w_1, \ \boldsymbol{v}), \ \eta_4(w_1, \ \boldsymbol{v}), \ 0 \right]^{\mathrm{T}} \end{cases} \tag{8-10}$$

结合式（8-8），式（8-10），系统式（8-7）可表示为：

$$\begin{cases} \dot{w}_1 = F_1(w_1, \ \boldsymbol{v}, \ v_5) + u = d + u = - h_0 w_1 + d - \hat{d} \\ \dot{\boldsymbol{v}} = \boldsymbol{c}(w_1, \ \boldsymbol{v}) \end{cases} \tag{8-11}$$

式中，d 表示同步误差系统式（8-7）的干扰信号。进一步，令 $\tilde{d} = d - \hat{d}$，计算 d 和 $\hat{d}$ 的时间导数：

$$\dot{d} = \frac{\mathrm{d}}{\mathrm{d}t}(F_1(w_1, \ \boldsymbol{v})) = a(w_1, \ \boldsymbol{v}) \tag{8-12}$$

$$\begin{aligned} \dot{\hat{d}} &= \dot{\xi} + k \dot{w}_1 \\ &= - k \xi - k^2 w_1 - k u + k(d + u) \\ &= k(d - \xi - k w_1) \\ &= k(d - \hat{d}) \\ &= k \tilde{d} \end{aligned} \tag{8-13}$$

由式（8-11）和式（8-12）容易得到：

$$\dot{\tilde{d}} = \dot{d} - \dot{\hat{d}} = a(w_1, \boldsymbol{v}) - k\tilde{d} \tag{8-14}$$

那么，闭环系统方程可表示为如下的简洁形式：

$$\begin{cases} \dot{w}_1 = -h_0 w_1 + \tilde{d} \\ \dot{\boldsymbol{v}} = \boldsymbol{c}(w_1, \boldsymbol{v}) \\ \dot{\tilde{d}} = \dot{d} - \dot{\hat{d}} = a(w_1, \boldsymbol{v}) - k\tilde{d} \end{cases} \tag{8-15}$$

假设 $\boldsymbol{\zeta} = (w_1, \boldsymbol{v})^{\mathrm{T}}$，那么定义如下的正定函数：

$$V_1(\boldsymbol{\zeta}) = \frac{1}{2} \|\boldsymbol{\zeta}\|^2 \tag{8-16}$$

式中，$\|\cdot\|$ 为欧氏范数。

进而定义如下的紧集：

$$U_{V_1, M} = \left\{ \boldsymbol{\zeta}: V_1(\boldsymbol{\zeta}) = \frac{1}{2} \|\boldsymbol{\zeta}\|^2 \leqslant M \right\} \tag{8-17}$$

式中，M 为大于零的常数。

那么对于任意的 $h_0 > 0$ 和任意 $(w_1, \boldsymbol{v}) \in U_{V_1, M}$ 或者 $\forall \boldsymbol{\zeta} \in U_{V_1, M}$，有

（1）$V_1(0, 0) = 0$，$\dfrac{\partial V_1}{\partial \boldsymbol{\zeta}}\bigg|_{\boldsymbol{\zeta}=0} = 0$。

（2）$\dfrac{\partial V_1}{\partial w_1}(-h_0 w_1) + \dfrac{\partial V_1}{\partial \boldsymbol{v}} \boldsymbol{c}(w_1, \boldsymbol{v}) \leqslant -\|\boldsymbol{\zeta}\|^2$。

选择如下的 Lyapunov 函数：

$$V_2(\boldsymbol{\zeta}, \tilde{d}) = V_1(\boldsymbol{\zeta}) + \frac{1}{2}\tilde{d}^2 \tag{8-18}$$

对于确定的正数 M，令 $U_{V_2, M}$ 为如下的紧集：

$$U_{V_2, M} = \left\{ (\boldsymbol{\zeta}, \tilde{d}): V_2(\boldsymbol{\zeta}, \tilde{d}) = V_1(\boldsymbol{\zeta}) + \frac{1}{2}\tilde{d}^2 \leqslant M \right\} \tag{8-19}$$

求得 $V_2(\boldsymbol{\zeta}, \tilde{d})$ 对时间的导数：

$$\dot{V}_2(\boldsymbol{\zeta}, \tilde{d})$$

$$= \dot{V}_1(w_1, \boldsymbol{v}) + \tilde{d}\dot{\tilde{d}}$$

$$= \frac{\partial V_1}{\partial w_1}(-h_0 w_1 + \tilde{d}) + \frac{\partial V_1}{\partial \boldsymbol{v}} \boldsymbol{c}(w_1, \boldsymbol{v}) + \tilde{d}(a(w_1, \boldsymbol{v}) - k\tilde{d})$$

$$= \left[\frac{\partial V_1}{\partial w_1}(-h_0 w_1) + \frac{\partial V_1}{\partial \boldsymbol{v}} \boldsymbol{c}(w_1, \boldsymbol{v}) \right] + \left(\frac{\partial V_1}{\partial w_1} + a(w_1, \boldsymbol{v}) \right)\tilde{d} - k\tilde{d}^2 \tag{8-20}$$

很容易验证 $U_{V_2,M}$ 在超平面 $\tilde{d} = 0$ 上的投影与 $U_{V_1,M}$ 重合，那么（1）和（2）$\forall (\boldsymbol{\zeta}, \tilde{d}) \in U_{V_2,M}$ 也适用。

对于可微函数 V_1、a 及紧致域 $U_{V_2,M}$，有如下引理：

（3）由于 $\left. \dfrac{\partial V_1}{\partial w_1} \right|_{\boldsymbol{\zeta} = 0} = 0$，那么 $\left\| \dfrac{\partial V_1}{\partial w_1} \right\| \leqslant P_{V_1} \| \boldsymbol{\zeta} \|$，$\forall (w_1, \boldsymbol{v}) \in U_{V_2,M}|_{(w_1, \boldsymbol{v})}$。

（4）由于 $a(0, 0)$，那么 $|a(w_1, \boldsymbol{v})| \leqslant P_a \| \boldsymbol{\zeta} \|$，$\forall (w_1, \boldsymbol{v}) \in U_{V_2,M}|_{(w_1, \boldsymbol{v})}$。

其中，P_{V_1}、P_a 为依赖于 M 的正数，则 $\forall (\boldsymbol{\zeta}, \tilde{d}) \in U_{V_2,M}$，有：

$$\dot{V}_2(\boldsymbol{\zeta}, \tilde{d}) \leqslant - \| \boldsymbol{\zeta} \|^2 + (P_{V_1} + P_a) \| \boldsymbol{\zeta} \| \, |\tilde{d}| - \mu \, |\tilde{d}|^2 \tag{8-21}$$

即：

$$\dot{V}_2(\boldsymbol{\zeta}, \tilde{d}) \leqslant - [\, \| \boldsymbol{\zeta} \| \quad |\tilde{d}| \,] \times \begin{bmatrix} 1 & -\dfrac{P_{V_1} + P_a}{2} \\ -\dfrac{P_{V_1} + P_a}{2} & \mu \end{bmatrix} \times [\, \| \boldsymbol{\zeta} \| \quad |\tilde{d}| \,]^{\mathrm{T}}$$
$$\tag{8-22}$$

由 Sylvester 定理，容易得到如下的不等式：

$$\mu > \frac{(P_{V_1} + P_a)^2}{4} \tag{8-23}$$

由此，$\mu^* = \dfrac{(P_{V_1} + P_a)^2}{4}$，如果满足 $k > \mu^*$，$V_2(\boldsymbol{\zeta}, \tilde{d})$ 在 $U_{V_2,M}$ 中是负定的。由 Lyapunov 稳定性定理闭环系统式（8-7）、式（8-8）以及式（8-9）在 $U_{V_2,M}$ 中是渐近稳定的。

8.5.3 仿真研究

为检验上节所设计的同步控制器的有效性，本节将通过数值仿真完成验证。仿真中，主神经元系统式（8-3）和从神经元系统式（8-4）的参数选取同文献[8]，两神经元的初始状态分别为：

$$z_{i,1}(0) = (0.00002, 0.05293, 0.59612, 0.31768) \quad (i = 1, 2, 3, 4)$$
$$z_{i,2}(0) = (0, 0, 0, 0) \quad (i = 1, 2, 3, 4)$$

两控制器参数分别取为 $h_0 = 0.5$ 和 $k = 200$。下面分别进行 4 组实验。

第一组 仅考虑外加电场 V_E 的影响，假设外加刺激电流 $I_{\text{ext}}(t) = 0$。文献[1] 中阐明，当 $V_{E,1} = 5\sin(0.08\pi t)$ 时，主神经元的动力学行为是周期的，而

当 $V_{E,2} = 5\sin(0.22\pi t)$ 时,从神经元呈现混沌动力学行为。图 8-3 表示两神经元膜电位随时间的变化。仿真时间为 400ms,当 $t = 200$ms 时同步控制器开始作用。图 8-4 是同步过程的时间历程图。由图可见,控制器的同步性能满足要求,在控制器作用下,从神经元与主神经元保持周期同步。图 8-5 表示同步误差系统的时间响应,图 8-6 代表 $z_{1,1}$-$z_{1,2}$ 在同步过程中的相平面图。

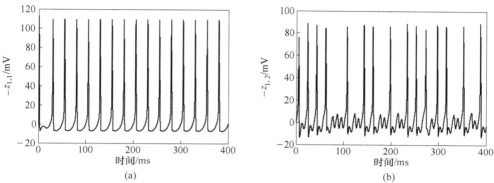

(a)   (b)

图 8-3　主从神经元膜电位的时间历程图

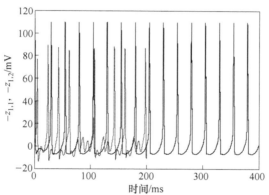

图 8-4　主从神经元膜电位的同步过程时间历程图

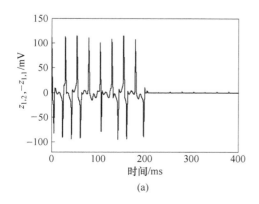

(a)

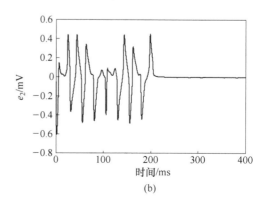

(b)

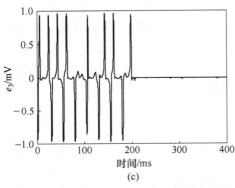

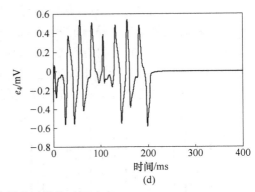

(c)　　　　　　　　　　　　　　　　(d)

图 8-5　同步误差系统同步过程的时间响应

（a）主从神经元膜电位同步响应；（b）主从神经元变量 n 同步偏差；

（c）主从神经元变量 m 同步偏差；（d）主从神经元变量 h 同步偏差

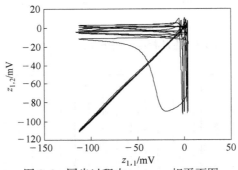

图 8-6　同步过程中 $z_{1,1}$-$z_{1,2}$ 相平面图

　　第二组　假设外加电场 V_E 的影响与第一组实验相同，另外考虑三种类型的外加刺激电流。首先，假设外加刺激电流为周期信号 $I_{\text{ext},1}(t) = -2.58\sin(0.245t)$，$I_{\text{ext},2}(t) = -3.15\sin(0.715t)$；其次，外加刺激电流信号为矩形脉冲信号（图 8-7）；最后，假设外加刺激电流信号为阶跃信号，如图 8-8 所示。

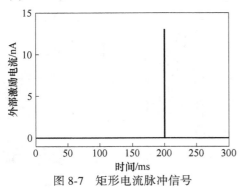

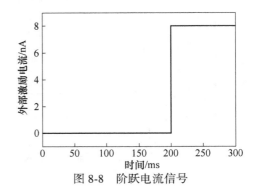

图 8-7　矩形电流脉冲信号　　　　　　　图 8-8　阶跃电流信号

　　$t \leqslant 150$ 时，控制信号 $u = 0$，$t = 150\text{ms}$ 时，控制信号加入，图 8-9~图 8-11 所示是 3 种电流刺激输入时，同步误差系统 4 个误差状态的时间历程图。由图可见，在控制器作用下，从神经元与主神经元保持周期同步，控制器的同步性能满足要求。图 8-12 则给出了在周期电流刺激下，控制作用加入后 $z_{1,1}$-$z_{1,2}$ 的相平面图。

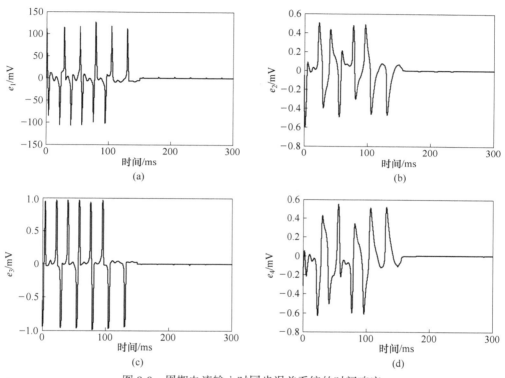

图 8-9　周期电流输入时同步误差系统的时间响应

（a）周期电流刺激时主从神经元膜电位同步偏差；（b）周期电流刺激时主从神经元变量 n 同步偏差；
（c）周期电流刺激时主从神经元变量 m 同步偏差；（d）周期电流刺激时主从神经元变量 h 同步偏差

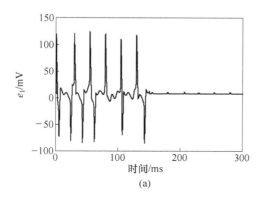

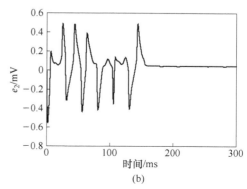

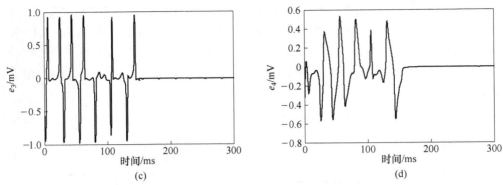

图 8-10 矩形脉冲电流输入时同步误差系统的时间响应

（a）矩形脉冲电流刺激时主从神经元膜电位同步偏差；（b）矩形脉冲电流刺激时主从神经元变量 n 同步偏差；
（c）矩形脉冲电流刺激时主从神经元变量 m 同步偏差；（d）矩形脉冲电流刺激时主从神经元变量 h 同步偏差

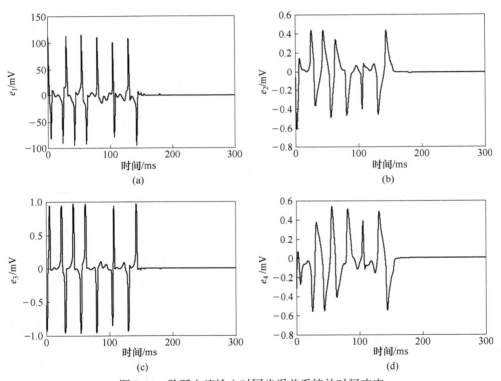

图 8-11 阶跃电流输入时同步误差系统的时间响应

（a）阶跃电流刺激时主从神经元膜电位同步偏差；（b）阶跃脉冲电流刺激时主从神经元变量 n 同步偏差；
（c）阶跃脉冲电流刺激时主从神经元变量 m 同步偏差；（d）阶跃脉冲电流刺激时主从神经元变量 h 同步偏差

第三组 假设从神经元系统存在参数不确定性，两神经元系统与第二组实验具有相同的参数条件。$t = 150\text{ms}$ 时，加入同步控制作用，两神经元实现同步；$t =$

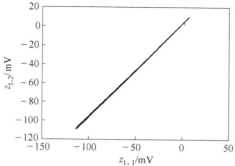

图 8-12　周期电流刺激下控制作用加入后 $z_{1,1}$-$z_{1,2}$ 的相平面图

300ms 时，从神经元参数突变为：$C_{m,2} = 0.81\mu F/cm^2$，$G_{K,2} = 29.16mS/cm^2$，$G_{Na,2} = 97.2mS/cm^2$，$G_{L,2} = 0.243mS/cm^2$，$V_{K,2} = 9.72mV$，$V_{Na,2} = -93.15mV$，$V_{L,2} = -8.59653mV$。

即发生了 10% 的参数突变，同步误差系统的时间响应可参见图 8-13，图 8-14 所示为控制信号输入前后 $z_{1,1}$-$z_{1,2}$ 的相平面图。

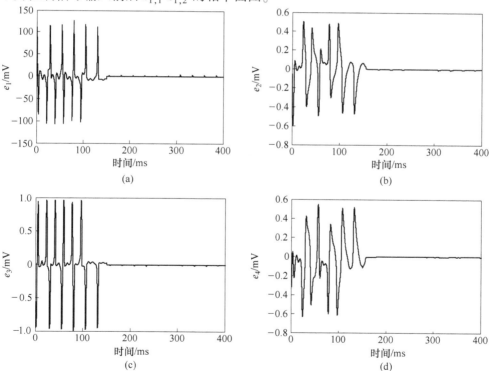

图 8-13　存在参数突变时同步误差系统的时间响应

（a）参数突变时主从神经元膜电位同步偏差；（b）参数突变时主从神经元变量 n 同步偏差；

（c）参数突变时主从神经元变量 m 同步偏差；（d）参数突变时主从神经元变量 h 同步偏差

第四组　将本节设计的控制器与文献［1］中的控制器进行了比较。同样假设从神经元系统存在与第三组实验中相同的参数不确定性。参数取值同第一组实验，从 $t = 150\mathrm{ms}$ 开始，在控制器作用下两神经元系统实现同步。由图 8-15～图 8-18 所示的同步误差系统的时间响应对比可以看出，本节所设计的控制器可使同步误差更加平滑地趋近于零。

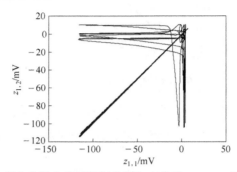

图 8-14　存在参数突变时控制作用加入前后 $z_{1,1}$-$z_{1,2}$ 的相平面图

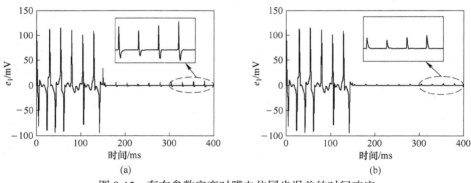

(a)　　　　　　　　　　　　　　(b)

图 8-15　存在参数突变时膜电位同步误差的时间响应

（a）文献［1］方法；（b）本节方法

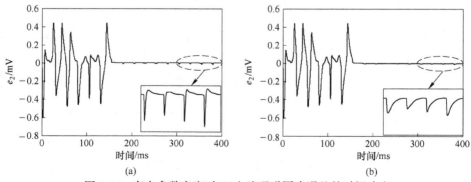

(a)　　　　　　　　　　　　　　(b)

图 8-16　存在参数突变时 K^+ 电流通道同步误差的时间响应

（a）文献［1］方法；（b）本节方法

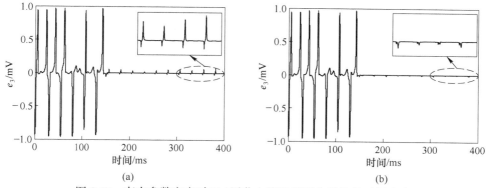

图 8-17 存在参数突变时 Na^+ 活化电流通道同步误差的时间响应

（a）文献［1］方法；（b）本节方法

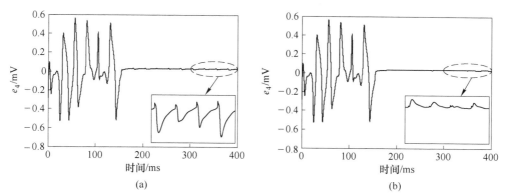

图 8-18 存在参数突变时 Na^+ 失活电流通道同步误差的时间响应

（a）文献［1］方法；（b）本节方法

综上 4 组仿真实验，当存在外加极低频电场或外加刺激电流的影响时，本节设计的基于主动补偿的抗干扰控制器可以使得同步误差状态迅速趋于零，从而实现两神经元系统的同步。当存在参数突变的不确定性影响时，同步控制系统仍能保持同步，显示了控制器良好的鲁棒性。

8.5.4 小结

基于主动补偿的抗干扰控制的简单性和经济性，根据干扰实时估计和补偿的原理，本节针对两个 HH 神经元同步系统，设计了基于主动补偿的抗干扰同步控制器，通过 Lyapunov 稳定性理论分析了闭环同步控制系统的稳定性，并进行了四组同步仿真实验，充分检验了所设计控制器的有效性。同时与文献［1］所设计的同步控制器进行了仿真比较，显示了本节设计的控制器具有更为优越的鲁棒性。

8.6   基于线性自抗扰的 HH 生物神经元同步设计

8.6.1   线性自抗扰同步控制律设计

实际对象及其标称模型之间总会存在偏差，这种偏差称为未建模动态，可以看成是系统的内部扰动。除此之外，系统还存在着各种外部扰动，比如控制量扰动或测量噪声。这些来自系统内部和外部的扰动统称为系统的总扰动。为了减少这些干扰因素对系统控制性能带来的影响，需要将扰动估计出来并予以补偿，这就是自抗扰控制的核心思想。扩张状态观测器（extended state observer，ESO）是自抗扰控制器的核心，通过扩张状态可以实现对不确定非线性系统的动态反馈线性化。

一阶 ADRC 控制框图如图 8-19 所示。G_p 表示被控对象，扰动 d 是控制回路的外部干扰，扩张状态观测器用于实时估计外部干扰 d 和系统的内部不确定性（如 G_p 的参数摄动）。控制信号 u 和系统输出 y 是 ESO 的两个输入，z_1 和 z_2 是 ESO 的输出。k_p 和 b_0 是控制器的可调参数。

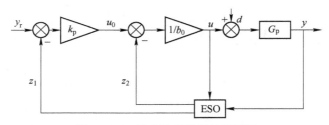

图 8-19   一阶自抗扰控制结构框图

ESO 的设计为：

$$\begin{cases} \dot{z}_1 = z_2 + \beta_1(y - z_1) + b_0 u \\ \dot{z}_2 = \beta_2(y - z_1) \end{cases} \tag{8-24}$$

8.6.2   基于线性自抗扰控制的闭环同步偏差分析

考虑在低频周期性电流刺激下两个耦合 HH 神经元。用下脚标"1"、"2"分别表示主、从神经元，则主神经元模型可以描述为：

$$\begin{cases} C_m \dfrac{dV_1}{dt} = I_{ext,1}(t) - [G_{Na} m_1^3 h_1(V_1 + V_{E,1} - V_{Na}) + \\ \qquad\qquad G_K n_1^4(V_1 + V_{E,1} - V_K) + G_L(V_1 + V_{E,1} - V_L)] \\ \dfrac{dx_1}{dt} = \alpha_x(V_1)(1 - x_1) - \beta_x(V_1) x_1 \qquad (x = n, m, h) \end{cases} \tag{8-25}$$

从神经元描述为：

$$\begin{cases} C_{\mathrm{m}} \dfrac{\mathrm{d}V_2}{\mathrm{d}t} = I_{\mathrm{ext},2}(t) - [G_{\mathrm{Na}} m_2^3 h_2 (V_2 + V_{\mathrm{E},2} - V_{\mathrm{Na}}) + \\ \qquad\qquad G_{\mathrm{K}} n_2^4 (V_2 + V_{\mathrm{E},2} - V_{\mathrm{K}}) + G_{\mathrm{L}}(V_2 + V_{\mathrm{E},2} - V_{\mathrm{L}})] + u \quad (8\text{-}26) \\ \dfrac{\mathrm{d}x_2}{\mathrm{d}t} = \alpha_x(V_2)(1 - x_2) - \beta_x(V_2)x_2 \qquad (x = n, m, h) \end{cases}$$

式中，u 是加入同步控制命令。

令 $\boldsymbol{x}_1 = [V_1, m_1, h_1, n_1]^{\mathrm{T}}$，$\boldsymbol{x}_2 = [V_2, m_2, h_2, n_2]^{\mathrm{T}}$，定义同步误差为：

$$\boldsymbol{e} = \boldsymbol{x}_2 - \boldsymbol{x}_1, \quad \boldsymbol{e} = [e_V, e_m, e_h, e_n]^{\mathrm{T}}$$

则同步偏差动态方程可表示为：

$$\begin{cases} \dot{e}_V = -\dfrac{1}{C_{\mathrm{m}}}[I_{\mathrm{ext},2} + G_{\mathrm{Na}} m_2^3 h_2 (V_2 + V_{\mathrm{E},2} - V_{\mathrm{Na}}) + G_{\mathrm{K}} n_2^4 (V_2 + V_{\mathrm{E},2} - V_{\mathrm{K}}) + \\ \qquad G_{\mathrm{L}}(V_2 + V_{\mathrm{E},2} - V_{\mathrm{L}}) - I_{\mathrm{ext},1} - G_{\mathrm{Na}} m_1^3 h_1 (V_1 + V_{\mathrm{E},1} - V_{\mathrm{Na}}) - \\ \qquad G_{\mathrm{K}} n_1^4 (V_1 + V_{\mathrm{E},1} - V_{\mathrm{K}}) - G_{\mathrm{L}}(V_1 + V_{\mathrm{E},1} - V_{\mathrm{L}})] + u \\ \dot{e}_x = \alpha_x(V_2)(1 - x_2) - \beta_x(V_2)x_2 - [\alpha_x(V_1)(1 - x_1) - \beta_x(V_1)x_1] \quad (x = m, h, n) \end{cases}$$

$$(8\text{-}27)$$

HH 神经元模型的自抗扰同步结构如图 8-20 所示，在线性自抗扰控制的作用下，可以使 HH 神经元偏差系统（error dynamic system，EDS）输出收敛到零。

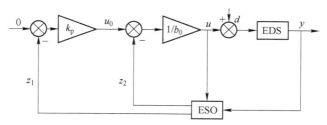

图 8-20　HH 神经元系统的自抗扰同步结构

通常，在自抗扰控制的作用下，只要选择合适的控制参数，同步控制偏差能够渐近收敛，意味着可以获得 HH 生物神经系统的同步。

8.6.3 仿真研究

利用 Matlab，在三种不同情形下对 HH 神经元进行仿真。依据带宽参数化的自抗扰控制器参数整定方法，选取 $\omega_{\mathrm{c}} = 4/t_{\mathrm{s}}^*$，$\omega_{\mathrm{o}} = k\omega_{\mathrm{c}}$，$\beta_1 = 2\omega_{\mathrm{o}}$，$\beta_2 = \omega_{\mathrm{o}}^2$，$k_{\mathrm{p}} = \omega_{\mathrm{c}}$，令 $t_{\mathrm{s}}^* = 1$，$k = 4$，调节 b_0。

情形 1　主从神经元的初始条件不同。主神经元的初始条件为 $\boldsymbol{x}_1(0) = [0, 0.53, 0.596, 0.318]^{\mathrm{T}}$，从神经元的初始条件为 $\boldsymbol{x}_2(0) = [20, 0.53, 0.596, 0.318]^{\mathrm{T}}$。

情形 2   主神经元为混沌状态，从神经元为周期状态，两个神经元的初始条件相同，均为 $x_1(0) = x_2(0) = [0, 0.53, 0.596, 0.318]^T$。

情形 3   主神经元为周期状态，从神经元为混沌状态。两个神经元初始条件与情形 2 相同，选为：$x_1(0) = x_2(0) = [0, 0.53, 0.596, 0.318]^T$。

当外加干扰 $d = 0$ 时，三种不同情形下的动态响应曲线如图 8-21 所示，为了更加清晰地展现线性自抗扰的同步效果，在 200ms 时加入线性自抗扰控制。

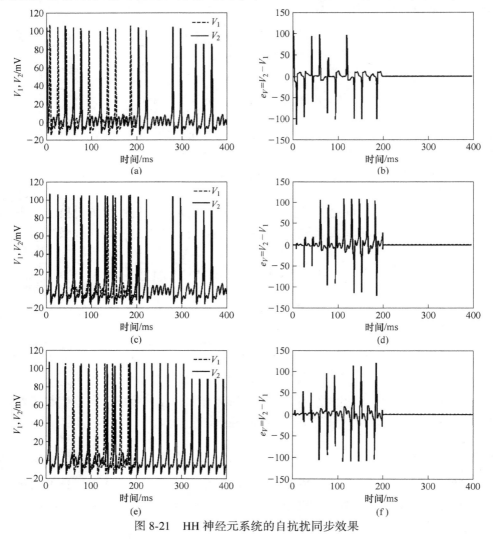

图 8-21   HH 神经元系统的自抗扰同步效果

图 8-21 中，图 8-21（a）为情形 1 下的线性自抗扰同步响应，图 8-21（b）为情形 1 下的线性自抗扰同步偏差；图 8-21（c）为情形 2 下的线性自抗扰同步响应，图 8-21（d）为情形 2 下的线性自抗扰同步偏差；图 8-21（e）为情形 3

下的线性自抗扰同步响应，图 8-21（f）为情形 3 下的线性自抗扰同步偏差。

仿真结果表明，在三种不同情况下，主、从 HH 生物神经元均能在 200ms 加入自抗扰控制器后达到膜电位同步。

为进一步验证自抗扰控制的有效性，令外加干扰 $d \neq 0$，在本节所述三种情形下，分别加入单位阶跃及正弦（$\sin t$）两类干扰信号，如图 8-22 所示。在 100ms 时加入自抗扰控制器，在 200ms 时加入干扰。加入阶跃干扰后 HH 神经元同步效果如图 8-23 所示，加入正弦干扰后的 HH 神经元同步效果如图 8-24 所示。

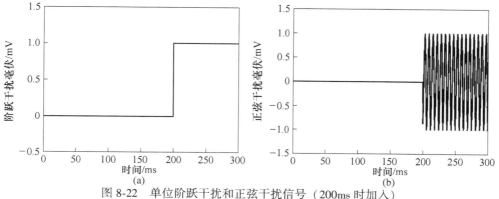

图 8-22　单位阶跃干扰和正弦干扰信号（200ms 时加入）

（a）阶跃干扰信号；（b）正弦干扰信号

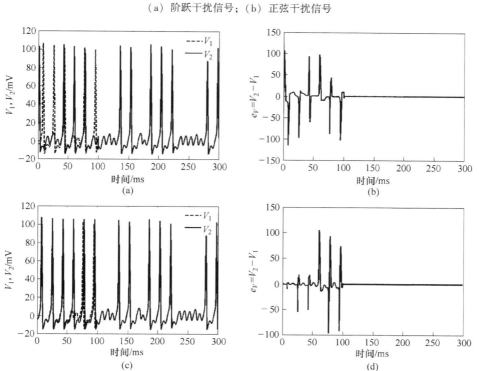

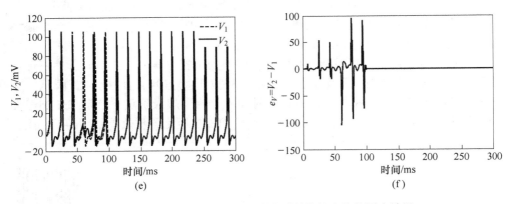

图 8-23 不同情形下阶跃干扰存在时的线性自抗扰同步效果

图 8-23 中，图 8-23（a）为情形 1 在阶跃干扰下的线性自抗扰同步响应，图 8-23（b）为情形 1 在阶跃干扰下的线性自抗扰同步偏差；图 8-23（c）为情形 2 在阶跃干扰下的线性自抗扰同步响应，图 8-23（d）为情形 2 在阶跃干扰下的线性自抗扰同步偏差；图 8-23（e）为情形 3 在阶跃干扰下的线性自抗扰同步响应，图 8-23（f）为情形 3 在阶跃干扰下的线性自抗扰同步偏差。

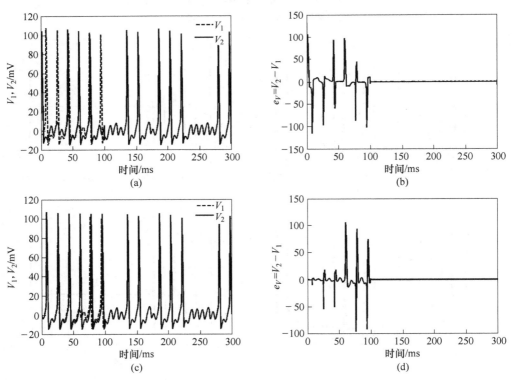

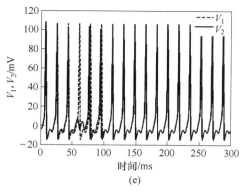
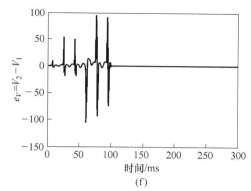

图 8-24　不同情形下正弦干扰存在时的线性自抗扰同步效果

图 8-24 中，图 8-24（a）为情形 1 在正弦干扰下的线性自抗扰同步响应，图 8-24（b）为情形 1 在正弦干扰下的线性自抗扰同步偏差；图 8-24（c）为情形 2 在正弦干扰下的线性自抗扰同步响应，图 8-24（d）为情形 2 在正弦干扰下的线性自抗扰同步偏差；图 8-24（e）为情形 3 在正弦干扰下的线性自抗扰同步响应，图 8-24（f）为情形 3 在正弦干扰下的线性自抗扰同步偏差。

数值仿真表明，在三种不同情况下，主、从 HH 生物神经元系统均能在 100ms 加入自抗扰控制器后，达到膜电位同步，同步偏差收敛到零。并且，在 200ms 时，扩张状态观测器能够对干扰进行有效估计，因此，在线性自抗扰控制器作用下，主、从 HH 生物神经元系统仍然能够获得良好的同步效果。

8.6.4　小结

本节研究了外电场激励下 HH 生物神经元系统的同步问题。在三种不同情况下，采用线性自抗扰控制器，实现主、从 HH 生物神经元系统的同步；之后，加入阶跃和正弦两种干扰信号，以验证线性自抗扰控制的抗扰性能。仿真结果表明自抗扰控制具有调节精度好、抗干扰能力强、鲁棒性好的优点，可获得良好的生物神经元同步效果。

8.7　本章小结

本章研究了外电场激励下两个 HH 生物神经元系统的同步问题，分别设计基于主动补偿的抗干扰控制以及线性自抗扰控制实现 HH 生物神经系统的同步。仿真研究表明，以抗干扰思想为主导的两种控制同步方法均能获得良好的生物神经元系统同步效果，为生物神经系统同步的工程实现奠定了理论和仿真基础。

参 考 文 献

[1] Wang Jiang, Zhang Ting, Che Yanqiu. Chaos control and synchronization of two neurons exposed to ELF external electric field [J]. Chaos, Solitons and Fractals, 2007, 34: 839-850.

[2] Gray C M, et al. Oscillatory responses in cat visual cortex exhibit inter-columnar synchronization which reflects global stimulus properties [J]. Nature, 1989, 338: 334-337.

[3] Steinmeta P N, et al. Attention modulates synchronized neuronal firing in primate somatosensory cortex [J]. Nature, 2000, 404: 187-190.

[4] Schmid G, Goychuk I, Hänggi P. Channel noise and synchronization in excitable membranes [J]. Physica A, 2003, 325: 165-175.

[5] Casado J M. Synchronization of two Hodgkin – Huxley neurons due to internal noise [J]. Phys Lett A, 2003, 310: 400-406.

[6] Casado J M, Baltanás J P. Phase switching in a system of two noisy Hodgkin-Huxley neurons coupled by a diffusive interaction [J]. Phys Rev E, 2003, 68: 061917.

[7] Li Xiaomeng, Ding Yiming, Fang Fukang. A New Method To Set Neural Synchronization Models [C] //Neural Networks and Brain, 2005. ICNN&B '05. International Conference on Vol 3, 2005, 1917-1920

[8] Octavio-Pe′rez-Cornejo, Femat Ricardo. Unidirectional synchronization of Hodgkin-Huxley neurons [J]. Chaos, Solitons and Fractals, 2005, 25: 43-53.

[9] Wang Jiang, Zhang Ting, Deng Bin. Synchronization of FitzHugh-Nagumo neurons in external e-lectrical stimulation via nonlinear control [J]. Chaos, Solitons and Fractals, 2007, 31: 30-38.

[10] Aguilar-Lópeza R, Martínez-Guerra R. Synchronization of a coupled Hodgkin-Huxley neurons via high order sliding-mode feedback [J]. Chaos, Solitons and Fractals, 2008, 37: 539-546.

[11] Hodgkin A L, Huxley A F. A quantitative description of membrane and its application to con-duction and excitation in nerve [J]. J Physiol, 1952, 117: 500-544.

[12] Hidekazu Fukai, Shinji Doi, Taishin Nomura, et al. Hopf bifurcations in multiple-parameter space of the Hodgkin-Huxley equations I. Global organization of bistable periodic solutions [J]. Biol Cybern, 2000, 82: 215-222.

[13] Luk W K, Aihara K. Synchronization and sensitivity enhancement of the Hodgkin-Huxley neurons due to inhibitory inputs [J]. Biol Cybern, 2000, 82: 455-467.

[14] Wang Jiang, Tsang Kai Ming, Hua Zhang. Hopf bifurcation in the Hodgkin – Huxley model ex-posed to ELF electrical field [J]. Chaos, Solitons and Fractals, 2004, 20: 759-764.

[15] Wang Jiang, Che Yanqiu, Fei Xiangyang, et al. Multi-parameter Hopf-bifurcation in Hodgkin-Huxley model exposed to ELF external electric field [J]. Chaos, Solitons & Fractals, 2005, 26: 1221-1229.

[16] Dominic I Standage, Thomas P Trappenberg. Differences in the subthreshold dynamics of leaky integrate-and-fire and Hodgkin-Huxley neuron models [C] //Proceedings of International Joint

Conference on Neural Networks, Montreal, Canada, July 31-August 4, 2005.

[17] Flavio Fröhlich, Sašo Jezernik. Feedback control of Hodgkin-Huxleynerve cell dynamics [J]. Control Engineering Practice, 2005, 13: 1195-1206.

[18] Lobb Collin J, Chao Zenas, Fujimoto Richard M, et al. Parallel Event-Driven Neural Network Simulations Using the Hodgkin-Huxley Neuron Model [C] //Proceedings of the Workshop on Principles of Advanced and Distributed Simulation (PADS'05), 2005.

[19] He Ji-Huan. A modified Hodgkin-Huxley model [J]. Chaos, Solitons and Fractals, 2006, 29: 303-306.

[20] Wang Jiang, Si Wenjie, Che Yanqiu, et al. Spike trains in Hodgkin-Huxley model and ISIs of acupuncture manipulations [J]. Chaos, Solitons and Fractals, 2008, 36: 890-900

[21] Wang Jiang, Chen Liangquan, Fei Xianyang. Bifurcation control of the Hodgkin-Huxley equations [J]. Chaos, Solitons and Fractals, 2007, 33: 217-224.

[22] Stuchly M A, Dawson T W. Interaction of low-frequency electric and magnetic fields with the human body [C] //Proc IEEE 2000, 47: 1974-1981.

9 总结与展望

生物神经系统的混沌行为及其同步是生物神经信息处理的重要机制，该领域研究大多依靠实体实验建立外电场激励与生物神经元放电模态之间的关系，存在实验周期长、效率低、代价高等问题。理论上生物神经元混沌放电时外电场所需满足的条件需从理论角度加以分析；此外，生物神经系统混沌同步控制律相对复杂、鲁棒性不佳。

本书以生物神经元模型为基础，利用混沌分析的解析方法分析了外电场激励与生物神经元混沌放电之间的定量关系，获得了 HR 生物神经元混沌放电时外电场激励所需的理论值，并通过数值仿真进行验证；以 HH、HR、FHN、Morris-Lecar、Ghostburster 生物神经元模型为研究对象，设计了基于主动补偿的抗扰控制律以及线性自抗扰控制律，实现了两个生物神经元以及生物神经网络的同步。此外，考虑干扰对同步的影响，在同步的仿真实验中加入阶跃、正弦干扰，以验证抗扰同步控制策略的鲁棒性。从仿真结果可以看出，不论是否存在干扰信号，抗扰控制同步策略都具有较好的同步效果。这表明，抗扰控制同步策略具有较强的鲁棒性，可实现生物神经系统的有效同步，适于生物神经系统的同步应用。

本书在生物神经元及生物神经网络模型的基础上，设计抗扰控制同步策略，虽然获得了一些结果，但仍有不少问题尚未完成，如 FHN、Ghostburster 生物神经网络的线性自抗扰同步控制尚无结果；此外，本书结果仅对已有的生物神经系统模型进行了有限的仿真研究，尚未包含实验研究的结果，这还需要更为深入、细致的研究。